# 电力安全生产大数据分析与应用

国网宁夏电力有限公司
山东鲁能软件技术有限公司 编

## 内 容 提 要


大数据贯穿于电力产业的各个环节，依托电力大数据价值的深度挖掘，实现“数据转化资产”“数据转化智慧”以大数据驱动企业创新化、智能化，助力电网迈进全景实时的时代已经到来。国家电网公司在该领域开展了相关技术研究与应用实践工作，并取得了一定的成果。本书是大数据科学领域在电力安全生产中为数不多的数据应用与实践相结合的图书，运用大数据分析与挖掘技术从电网设备的安全稳定运行到电网系统的综合运营情况进行评价，分析电网运行的薄弱环节和风险点，从而提出更有针对性地解决措施及建议。

本书共分为 4 章，主要内容包括电网运营效率监测分析的简单介绍，电网输变电设备运维检修监测分析，配网运行监测分析，生产作业现场视频监测。从业务需求分析、数据准备、数据清洗、数据分析、可视化图表的设计整个数据分析生命周期进行详细介绍，不断开展和探索运营监测业务的广度和深度，从而为电力业务数据的高效价值挖掘及在线决策分析提供理论依据及基础技术支撑。

本书能够帮助读者了解电力行业大数据的发展现状，给电力工作者和从事其他行业大数据相关工作的研究人员和技术人员在工作中带来新的启发与认识。



**图书在版编目（CIP）数据**

电力安全生产大数据分析与应用 / 国网宁夏电力有限公司，山东鲁能软件技术有限公司编 . —北京：中国电力出版社，2019.8

ISBN 978-7-5198-3613-9

Ⅰ . ①电… Ⅱ . ①国…②山… Ⅲ . ①数据处理－应用－电力工业－安全生产 Ⅳ . ① TM08-39

中国版本图书馆 CIP 数据核字（2019）第 184447 号

---

出版发行：中国电力出版社
地　　址：北京市东城区北京站西街 19 号（邮政编码 100005）
网　　址：http://www.cepp.sgcc.com.cn
责任编辑：陈　丽（010-63412348）
责任校对：黄　蓓　李　楠
装帧设计：王红柳　赵丽媛
责任印制：石　雷

---

印　　刷：三河市万龙印装有限公司
版　　次：2019 年 11 月第一版
印　　次：2019 年 11 月北京第一次印刷
开　　本：710 毫米 ×1000 毫米　16 开本
印　　张：5.5
字　　数：87 千字
印　　数：0001—1500 册
定　　价：45.00 元

---

# 编　委　会

# 前　言

近年来电力企业通过信息化的建设，逐步形成了以信息化应用为手段，以全面监测业务为基础，以专业分析为支撑的业务监测体系，同时随着运营监测业务在广度和深度的不断开展和探索，监测业务过程的多样性、复杂性和实时性逐渐增加，也暴露出一些新的问题和困难，如何更科学、更全面、更有效的分析运营数据中包含的规律、风险和价值，以及最大限度地挖掘运营数据的价值，成了制约业务监测工作开展的主要问题，因此如何利用大数据分析和挖掘解决在业务监测中遇到的问题成为业务监测工作新的探索方向。

电力大数据独具特色，具有体量大、类型多、价值高、变化速度快等特点。电力生产大数据为电力生产的上下游企业，如发电、输电、配电、用电等环节各方，为设备提供智能状态检修和运行管理，提升效率，降低损耗；电力营销大数据为电力客户提供更优质、量身定制的服务；电网运行大数据为最大限度消纳清洁能源，实现源网荷协调优化，保障整个大电网的安全稳定运行保驾护航，真正做到“用数据管理企业，用信息驱动业务”，实现现代企业管理的科学决策，提质增效。

本书从电网基础业务入手，以技术结合实际案例的形式，为读者全面展现大数据技术给传统电力行业带来的发展创新和变革。结合国家电网公司大数据工作实践，对涉及电力设备电网运营、设备运维检修、配网运行、安全生产等方面的典型业务应用，从设计思路、分析方法、应用成效等角度细致分析，对于指导电力大数据分析应用的深入开展、提高数据资产利用价值，具有借鉴意义。

作者

2019 年 6 月

# 目录

# 1 电网运营效率监测分析

在我国当前经济领域供给侧结构性改革的背景下，做好电网企业运营监测，实现生产及运营各要素最优配置成为电网企业的新命题，然而当前电网企业运营监测，依然更多地注重经济绩效的评价，很难顾及环境绩效和社会绩效，并针对其进行更全面、定量、科学的评价。

目前的监测类别仅限于部分财务或者经济技术指标方面，相对于更加重要的环境绩效和社会绩效模块还未能有效的监控和评价，除此之外，在实际的运营管理操作中也出现了很多困难没有得到解决。

这些问题产生的根源，在于现有电网企业运营人员对企业自身的经营目标、绩效评价与价值导向缺乏深刻的认识，为此，针对电网企业的运营绩效内涵进行剖析，以利益相关者社会责任理论的企业运营泛生态系统价值观为基础，提出一个新的以综合计划管理为核心的运营综合绩效理念，从而建立一个新的包含经济、社会和环境评价体系的运营综合绩效结构模型，由此研制开发了电网企业运营状态的综合绩效提升系统。

## 1.1 电网运营业务简介

电网运营效率监测通过监测系统化的电网运营分析评价模型，实现电网运营效率、供电能力、负荷监测，从定性到定量在线计算与分析，结合实际业务主题监测点，从行政单位、供电分区、供电设备效率的变化趋势和协调度等角度出发，根据电网绩效指标与底层明细数据的关联关系，快速定位存在问题的区域、设备层级，掌握电网运行的薄弱环节和风险点，进而提出更有针对性的解决措施及建议，提升电网设备乃至电网系统的运行效率。

电网运营效率监测范围涵盖单体设备、变电站、供电区域三个层面评价电网运行效率和供电能力，并可进行效率预测、对比分析，进而对相关业务提供决策和支撑。

电网运营效率监测包含单体设备运营效率监测、各层级设备运营效率监测、系统运营效率监测、系统效率协调性监测、设备间效率均衡性监测。以单个设备的运营效率评价模型为基础，建立同层设备总体及配电系统整体的运营效率评价模型，从而形成一套完整的配电网运营效率评价指标体系。

供电能力监测包含单体设备供电能力裕度监测、各层级设备供电能力裕度监测、裕度协调性监测、重过载设备监测。实现系统、同层设备、单体设备供电能力、负荷监测和预警功能。

## 1.2 业务分析模型介绍

针对电网运营效率和供电能力缺乏量化评价和深层次分析的现状，开展深化研究和模型优化工作，并形成统筹考虑安全性、可靠性、经济性的运营效率和供电能力评价模型，下文是对电网运营相关模型的介绍。

### 1.2.1 电网运营效率监测模型

针对 110kV 及以下电网运营效率和供电能力缺乏量化评价和深层次分析的现状，构建综合安全性、可靠性、经济性的运营效率和供电能力评价模型。模型分为单体设备、同层设备、配电系统三个层次，以及层级间协调、设备间均衡两个视角，具有如下特点：

（1）模型首次综合设备物理属性、资产价值、电网结构、运行特性等，能够量化 110kV 及以下电网运营效率和供电能力，反映投入产出水平。

（2）模型涵盖从单体设备、同层设备到整个配电系统，能准确定位到存在问题的具体区域、具体层级、具体设备，涉及设备容量、运行数据等业务系统的必填字段，具有较强的系统性、针对性和可操作性。

#### 1.2.1.1 单体设备运营效率模型（基础模型）

按照数值大小对基于时序的设备负荷曲线进行排序，形成负荷持续曲线（见图 1-1）。通过 $N$-1 安全、设备轻载基准线，将负荷持续曲线分为风险、合理、低效等区间，评价各区间与基准线的偏离程度，以区间基准电量作权重，形成单体设备运营效率，如式（1-1）所示。

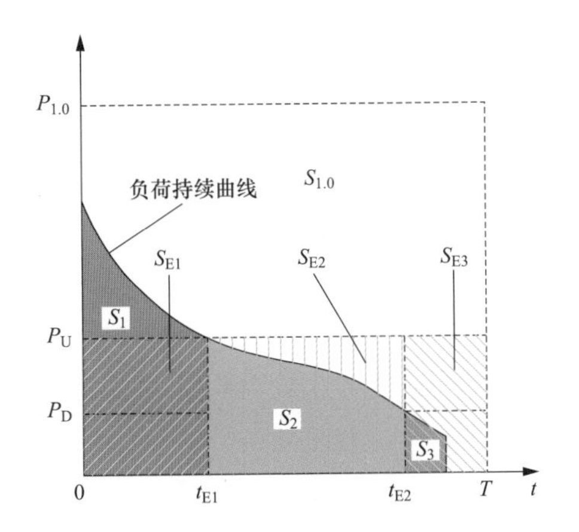


图 1-1　负荷持续曲线

$$EER = \frac{S}{S_E} - \rho_1 \left( \frac{S_1}{S_{E1}} - \frac{S_{E1}}{S_1} \right) \tag{1-1}$$

$$S = S_1 + S_2 + S_3$$

$$S_E = S_{E1} + S_{E2} + S_{E3}$$

$P_U$——设备安全运行基准线，依据《城市电力网规划设计导则》等技术标准中的 $N-1$ 安全准则和电网结构、变电站配置确定；

$P_D$——设备轻载运行基准线，依据《配电网运行水平与供电能力评估导则》等标准确定。

$EER$ 也可表示为

$$\begin{aligned} EER &= \left(\frac{S_{E1}}{S_1}\right)\cdot\rho_1 + \left(\frac{S_2}{S_{E2}}\right)\cdot\rho_2 + \left(\frac{S_3}{S_{E3}}\right)\cdot\rho_3 \\ &= r_1\cdot\rho_1 + r_2\cdot\rho_2 + r_3\cdot\rho_3 \end{aligned}$$

式中　$EER$——单体设备运营效率；

$S_j$——设备运行在第 $j(j=1,2,3\cdots)$ 段的实际供电量；

$S$——分析周期内设备实际传输电量；

$S_{Ej}$——设备在第 $j(j=1,2,3\cdots)$ 段中满足安全运行限值的最大可输送电量；

$S_E$——设备满足安全运行限值的最大可输送电量；

$\rho_j$——设备运行在第 $j(j=1,2,3\cdots)$ 段的权重系数，即设备第 $j$ 段持续供电时间与评价周期的比值；

$r_j$——设备在第 $j(j=1,2,3\cdots)$ 段所对应的运营效率单项指标。

备注：

（1）以设备满足安全运行限值的最大可输送容量为分子，实际传输容量为分母，来计算风险区间的运营效率，是为了体现电网安全运行的重要性，对超过安全运行限值部分效率进行扣减。

（2）$P_U$ 涉及 PMS 系统中的主变容量、所属变电站、电网结构等字段，如单环网线路，$P_U$ 为该线路额定容量的 50%。

（3）EER 通过获取调度或采用系统中的设备负荷曲线，以及 $P_U$、$P_D$ 等参数，自动计算得出。

**1.2.1.2　同层设备总体运营效率模型**

以设备工程造价为权重，计算同层设备运营效率值，即

$$SER_i = \sum_{j=1}^{M_i} \theta_{ij} EER_{ij}$$

式中　$M_i$——第 $i$ 类设备的总数量；

$\theta_{ij}$——第 $j$ 个 $i$ 类设备资产价值占该类设备总资产价值的权重（或者为第 $j$ 个 $i$ 类设计输送电量占该类设备总设计输送电量的权重）；

$EER_{ij}$——第 $j$ 个 $i$ 类设备运营效率值。

**1.2.1.3　同层设备间运营效率均衡度模型**

通过对同一层级不同设备的运营效率进行方差计算和自然指数映射，形成同层设备间运营效率均衡度指标。均衡度评价模型用以衡量同层设备之间运营效率的相对均衡程度，即

$$B_{EER_i} = \mathrm{e}^{\left(-\sqrt{\frac{\sum_{j=1}^{M_i}(EER_{ij}-\overline{EER_i})^2}{M_i}}\right)} \tag{1-2}$$

式中　$B_{EER_i}$——第 $i$ 类设备的运营效率均衡度，$i$=1，2，3，4 分别对应高压线路、变电站、中压线路和配电变压器；

$M_i$——第 $i$ 类设备的个数；

$EER_{ij}$——第 $j$ 个 $i$ 类设备的运营效率值。

式（1-2）中，分子表示同层设备运营效率标准差，分母表示同层设备运营效率平均值。

均衡度相对较差与较好的图示分别如图 1-2 和图 1-3 所示。

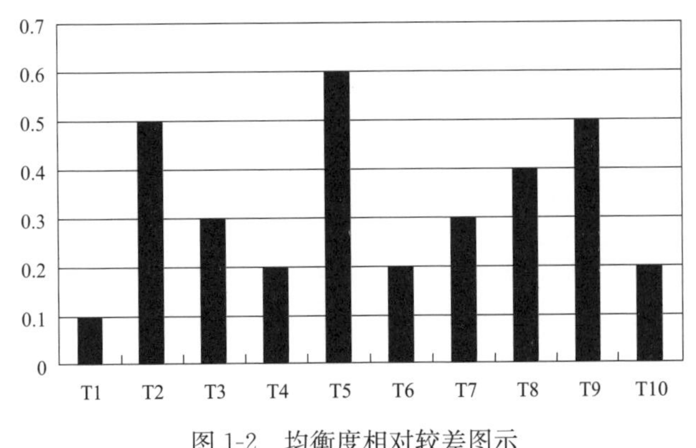


图 1-2　均衡度相对较差图示

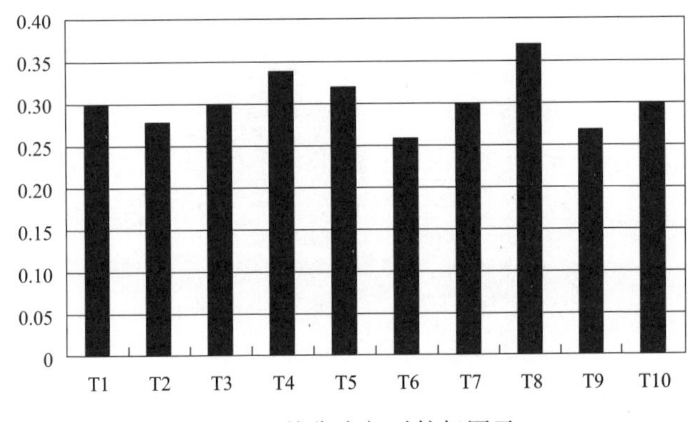


图 1-3　均衡度相对较好图示

#### 1.2.1.4　基于资产价值的配电系统运营效率模型

以设备工程造价为权重，通过逐层迭代，计算供电分区（A+～E）、功能区（工业区、商业区、行政办公区、农区、牧区等）、行政区配电系统资产运营效率值，即

$$SER_S = \sum_{i=1}^{N} \omega_i SER_i$$

式中　$N$——系统中设备层级个数（一般为 4，即包括高压线路、主变压器、中压线路、配电变压器）；

$\omega_i$——第 $i$ 类设备资产价值占系统总资产价值的权重（或者为第 $i$ 类设备设计输送电量占系统设备总设计输送电量的权重）。

#### 1.2.1.5　不同层级设备运营效率协调度模型

通过对同一系统不同层级（110kV 及以下分为高压配电线路、主变压器、中压配电线路、配电变压器，220kV 及以上分为线路和变压器）的运营效率进行方差计算和自然指数映射，形成系统层级间运营效率协调度指标，其计算公式为

$$C_{SER}(Hierarchy) = e^{\left(-\sqrt{\frac{\sum_{i=1}^{N}(SER_i - \overline{SER})^2}{N}}\right)} \tag{1-3}$$

$$\overline{SER} = \frac{\sum_{i=1}^{N} SER_i}{N}$$

式中　$SER_i$——某层级设备运营效率值，$i=1,2,\cdots,N$。

系统各层设备间运营效率协调度模型如图 1-4 所示。

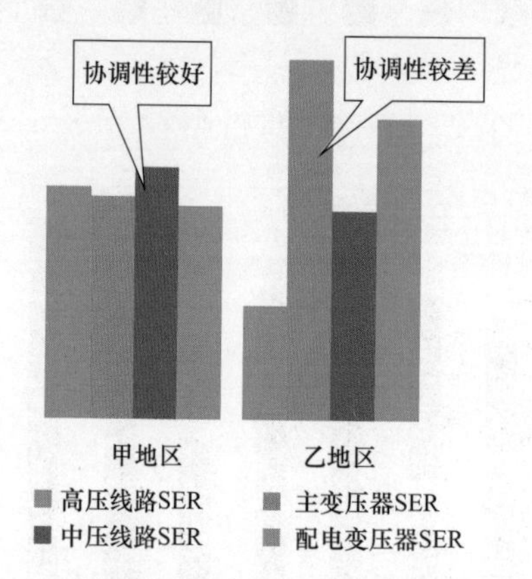


图 1-4　系统各层设备间运营效率协调度模型

## 1.2.2　供电能力监测模型

本书中所述的供电能力模型指的是 110kV 及以下供电能力指 110kV 及以下电网在保证安全运行的前提下，所能承载负荷的能力。供电能力评价模型包括三类基础指标：最大供电能力（反映设备/系统总的最大可接入容量）、供电能力储备（反映在现有负荷水平下设备/系统还可接入的容量）、供电能力裕度（反映设备/系统还可接入的容量占总的可接入容量的比值）。以下是对评价模型的介绍。

### 1.2.2.1　主设备供电能力评价

将 110kV 及以下设备分为四类设备：高压配电线路、主变压器、中压配电线路、配电变压器，针对这四类设备开展最大供电能力、供电能力储备、供电能力裕度指标评价。

(1) 设备最大供电能力可表示为

$$SC = kP_u \tag{1-4}$$

式中　$SC$——设备最大可供电能力；

$P_u$——设备满足基本安全准则（如 $N-1$ 安全准则）及其他运行约束（如考虑电压约束、运行环境、检修维护要求等条件）时的最大可输送负荷；

$k$——过载系数，主变压器取1～1.3（各地填报），线路及配电变压器取1；目前系统中$k$值默认为1.2，各省可根据本省实际情况自行调整。

（2）设备供电能力储备模型可表示为

$$SCR = SC - P_{max}$$

式中 $SCR$——设备供电能力储备；

$P_{max}$——设备在评价周期内的最大负荷。

（3）供电能力裕度模型可表示为

$$SCM = \frac{SCR}{SC}$$

式中 $SCM$——设备供电能力裕度。

**1.2.2.2 同层设备供电能力评价**

将110kV及以下设备分为高压配电线路、主变压器、中压配电线路、配电变压器四类设备，220kV及以上设备分为线路和变压器两类，针对这各类设备开展最大可供电能力、供电能力储备、供电能力裕度指标评价。

（1）同层设备总体最大可供电能力可表示为

$$GSC_i = \sum_{j=1}^{M_i} SC_j$$

式中 $GSC_i$——第$i$层设备总体最大可供电能力，分别对应高压配电线路、主变压器、中压配电线路和配电变压器；

$M_i$——第$i$类设备的总数量；

$SC_j$——第$j$个设备的最大可供电能力。

计算地市公司最大可供电能力时用下辖区（县）公司的最大可供电能力叠加；计算省公司最大可供电能力时用下辖地市公司的最大可供电能力叠加。

（2）同层设备可供电能力储备可表示为

$$GSCR_i = \sum_{j=1}^{M_i} SCR_j$$

式中 $GSCR_i$——第$i$层设备总体供电能力储备，分别对应高压配电线路、主变压器、中压配电线路和配电变压器；

$M_i$——第$i$类设备的总数量；

$SCR_j$——第$j$个设备的供电能力储备。

计算地市公司最大可供电能力时用下辖区（县）公司的最大可供电能力叠

加；计算省公司最大可供电能力时用下辖地市公司的最大可供电能力叠加。

（3）同层设备总体供电能力裕度可表示为

$$GSCM_i = \frac{GSCR_i}{GSC_i}$$

式中 $GSCM_i$——第 $i$ 层设备总体供电能力裕度，分别对应高压配电线路、变电站、中压线路和配电变压器。

（4）同层设备总体供电能力裕度均衡度。在计算同层设备裕度均衡度之前，需要对每个设备的供电能力裕度指标进行归一化处理，具体方法为

$$SCM'_{ij} = \frac{SCM_{ij} - a}{b - a}$$

式中 $a$、$b$——由设备类型及 $k \cdot P_u/P_{1.0}$、$P_{max}/P_{1.0}$ 等决定，参照表 1-1，其中，$a=\frac{k \cdot P_u/P_{1.0} - P_{max}/P_{1.0}}{k \cdot P_u/P_{1.0}}$，$b=1$。

**表 1-1　　同层设备总体供电能力裕度均衡度常量 a、b 取值范围表**

| 设备类型 | $k \cdot P_u/P_{1.0}$ | $P_{max}/P_{1.0}$ | 取值下限（$a$） | 取值上限（$b$） | 区间长度（$c$） |
|---|---|---|---|---|---|
| 高压线路 | 1.00 | 1.00 | 0.00 | 1.00 | 1.00 |
| | 0.50 | 1.00 | −1.00 | 1.00 | 2.00 |
| 主变压器 | 1.30 | 1.50 | −0.15 | 1.00 | 1.15 |
| | 0.65 | 1.50 | −1.31 | 1.00 | 2.31 |
| | 0.87 | 1.50 | −0.73 | 1.00 | 1.73 |
| | 0.98 | 1.50 | −0.54 | 1.00 | 1.54 |
| 中压线路 | 1.00 | 1.00 | 0.00 | 1.00 | 1.00 |
| | 0.75 | 1.00 | −0.33 | 1.00 | 1.33 |
| | 0.67 | 1.00 | −0.50 | 1.00 | 1.50 |
| | 0.50 | 1.00 | −1.00 | 1.00 | 2.00 |
| 配电变压器 | 1.00 | 1.50 | −0.50 | 1.00 | 1.50 |

对于同层设备供电能力均衡度计算，归一化是为了将明细设备的供电能力裕度都分布在（−1，1）范围内，使之可以比较。

#### 1.2.2.3　系统供电能力协调度评价模型

系统供电能力协调度评价模型是对经营区、供电区 110kV 及以下电网系统供电能力协调度指标进行评价，其主要模型如下。

系统供电能力裕度协调度：在计算各层设备间供电能力裕度协调度之前，需要对每个同层设备总体供电能力裕度进行归一化处理，具体方法为

$$GSCM'_i = \frac{GSCM_i - a}{b - a}$$

式中　$GSCM_i$——第 $i$ 个层级的设备总体供电能力裕度，分别对应高压线路、变电站、中压线路和配电变压器；$a$ 取－1.31（各类设备供电能力裕度的理论最小值），$b$ 取 1。

第二步，采用归一化后的同层设备总体供电能力裕度计算系统供电能力裕度协调度，计算公式为

$$C_{GSCM}=\mathrm{e}^{\left(-\frac{\sqrt{\frac{\sum_{i=1}^{N}(GSCM'_i-\overline{GSCM'})^2}{N}}}{\overline{GSCM'}}\right)} \tag{1-5}$$

$$\overline{GSCM'}=\frac{\sum_{i=1}^{N}GSCM'_i}{N}$$

式中　$C_{GSCM}$——各层设备供电能力裕度协调度。

计算区域、县（区）的系统供电能力裕度协调度时，$i$ 取 3 和 4，即只考虑中压线路和配变两类设备；计算地市的系统供电能力裕度协调度时，$i$ 取 1、2、3、4，即考虑高压线路、变电站、中压线路和配电变压器四类设备；计算省的各层设备供电能力裕度协调度时可用地市的结果加权求和，权重为：各地市设备资产价值占全省设备资产价值的比例。

### 1.2.3　运营效率与供电能力的关系

运营效率和供电能力是评价电网运营情况的两类指标，运营效率关注整个评价周期内的设备利用情况，如图 1-5 中蓝色面积区域；供电能力则关注最大负荷时刻设备的供电裕度情况，如图 1-5 中最大负荷时点设备供电裕度情况，两项指标反映设备运营的不同方面，起到互为补充的作用。

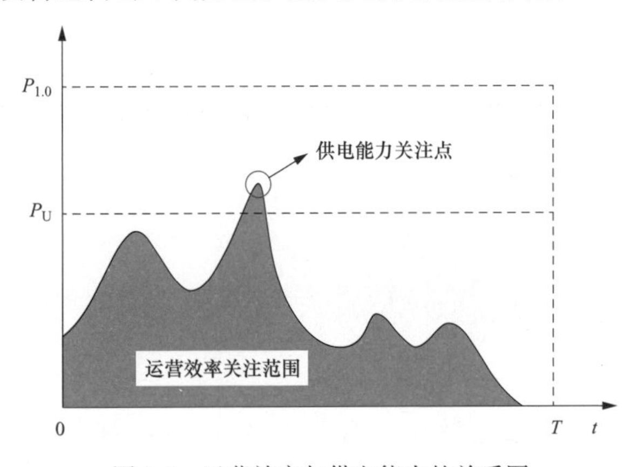


图 1-5　运营效率与供电能力的关系图

# 1.3　电网运营系统设计介绍

电网运营系统主要围绕电网运营效率、供电能力两大模块进行功能设计开发。

## 1.3.1　电网运营效率功能介绍

电网运营系统效率功能模块包括主设备运营效率、主设备运营效率均衡度、系统运营效率、系统运营效率协调度监测和预警四大功能模块。

### 1.3.1.1　主设备运营效率

我们可以通过电网运营系统“主设备运营效率监测”功能模块查询主设备的运营效率，具体操作如下。

第一步：选择查询日期、单位，点击查询按钮，如图 1-6 所示。

图 1-6　主设备运营效率查询页面

第二步：打开左侧设备树，选择待查询设备，可以查询特定主设备的运营效率，如图 1-7 所示。

图 1-7　主设备运营效率查询页面

第三步：进入主设备运营效率监测主界面，如图 1-8 所示。

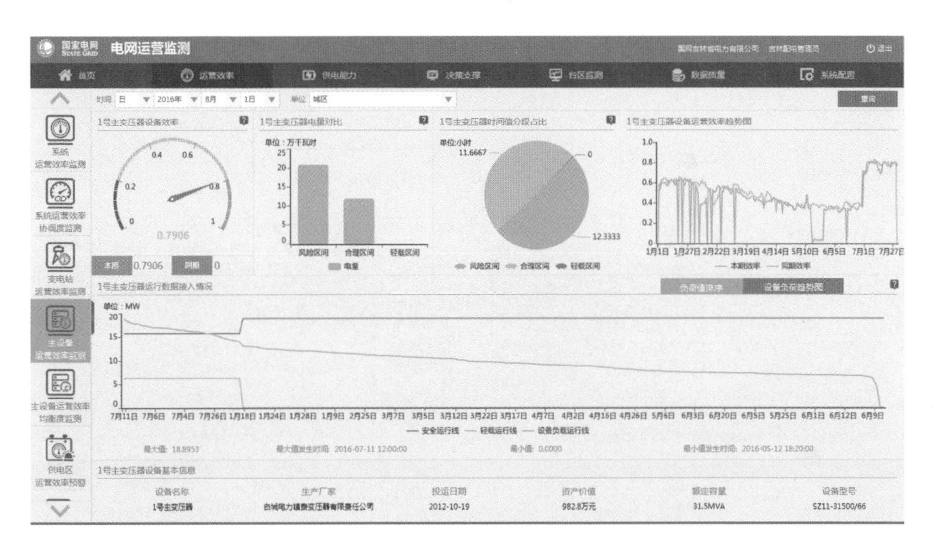

图 1-8　主设备运营效率监测主界面

（1）设备效率情况；

（2）设备在风险、合理、轻载区间电量对比；

（3）设备在风险、合理、轻载区间时间对比；

（4）设备运营效率趋势；

（5）设备负荷曲线：按每日最大负荷排序；

（6）设备负荷曲线：按时间排序；

（7）设备基本情况。

**1.3.1.2　主设备运营效率均衡度**

第一步：选择日期和单位，点击“查询”按钮。

第二步：进入主设备运营效率均衡度监测主界面（见图 1-9）。

（1）右上方 4 个 tab 同时控制仪表盘和右上方折线图，其中仪表盘表示当前查询条件某层设备运营效率均衡度指标；趋势图表示当前查询条件某层设备运营效率均衡度从年初到目前为止趋势图，包含本期和同期。

（2）各供电分区 4 层设备运营效率均衡度统计表。

（3）折线图表示当前查询条件 4 层设备运营效率均衡度趋势及对比情况。

**1.3.1.3　系统运营效率监测**

系统运营效率监测主界面如图 1-10 所示。

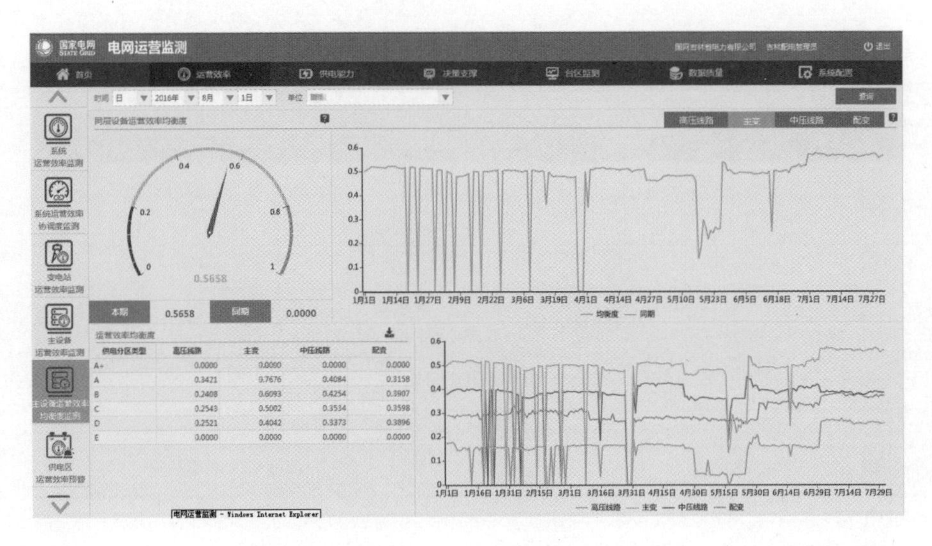


图 1-9　主设备运营效率均衡度监测主界面

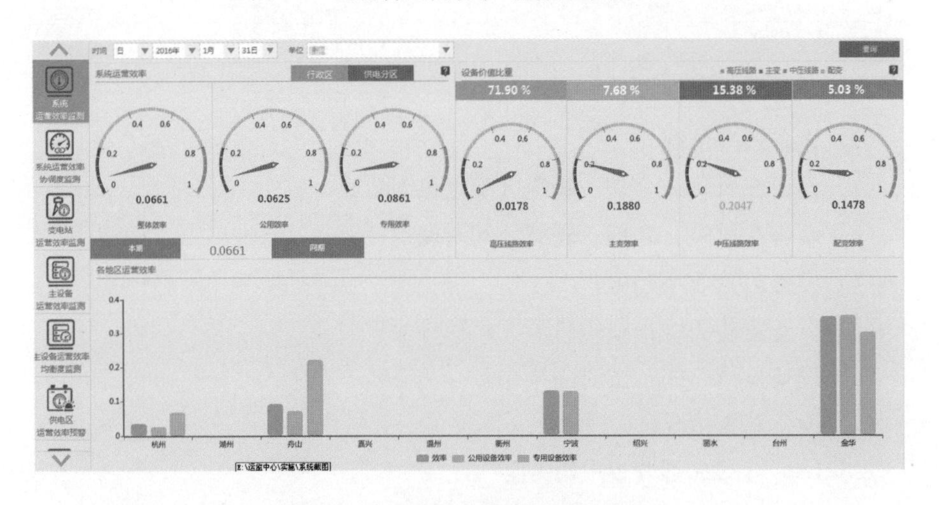


图 1-10　系统运营效率监测主界面

第一步：选择日期和单位，点击“查询”按钮。

第二步：选择“行政区”tab。

第三步：进入系统运营效率监测主界面：

（1）系统运营效率：总体、公用、专用。

（2）4 层设备运营效率、设备价值比例。

各地区系统运营效率对比柱状图，含总体、公用、专用对比情况。

#### 1.3.1.4　系统运营效率协调度监测

系统运营效率协调监测主界面如图 1-11 所示。

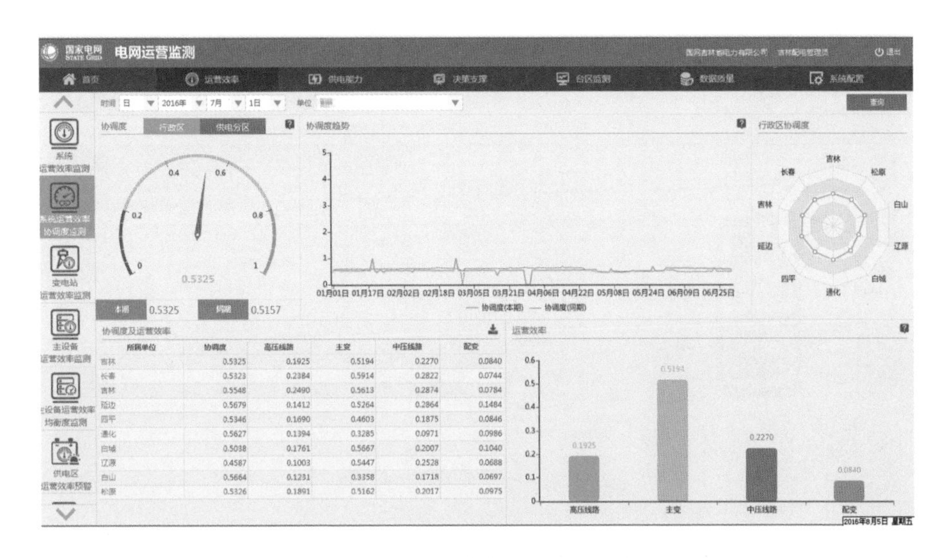


图 1-11　系统运营效率协调度监测主界面

第一步：选择日期和单位，点击“查询”按钮。

第二步：选择“行政区”tab。

第三步：进入系统运营效率协调度监测主功能界面：

（1）以仪表盘方式，展示运营效率协调度情况，包含本期和同期值；

（2）折线图展示运营效率协调度趋势情况；

（3）雷达图展示各单位运营效率协调度情况；

（4）各单位运营效率协调度、4 类设备运营效率统计表；

（5）柱状图表示 4 类设备运营效率对比情况。

### 1.3.2　供电能力功能路径

主设备供电能力主界面如图 1-12 所示。

第一步：选择日期和单位，点击“查询”按钮。

第二步：在右侧设备树逐层点开选择待查询设备。

第三步：进入主设备供电能力主界面。

（1）设备供电能力：电池示意图方式直观展示所选设备供电能力、供电能力储备、供电能力裕度指标情况。

（2）设备最大负荷日曲线：展示从当年 1 月 1 日到当前查询日期期间，该设备最大负荷出现那天的负荷曲线情况。

（3）设备负荷曲线：展示查询设备最大值、最小值、平均值（左侧坐标），供电能力裕度（右侧坐标）趋势情况，并与轻载线（20%额定容量）、过载线（100%额定容量）进行比较。

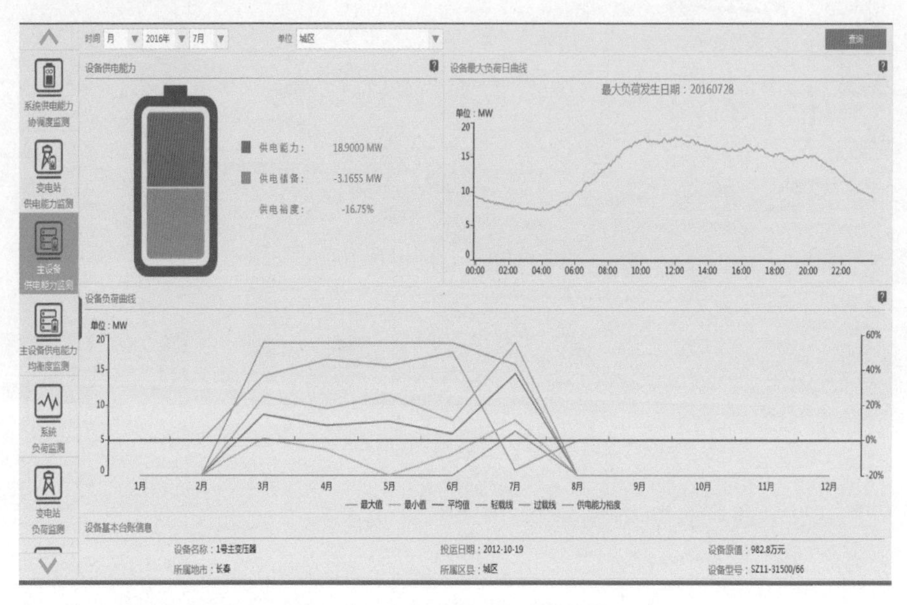


图 1-12　主设备供电能力主界面

（4）设备台账信息。

# 1.4　业务分析实例

通过对在线监测电网设备及系统运营效率、协调度，定量分析低效设备及不协调系统的分布规律和原因，提出更有针对性地解决措施及建议，进而提升电网设备乃至电网系统的运营效率。

## 1.4.1　电网运营效率监测分析

目前互联网部对 110kV 及以下电压等级的电网运营效率开展监测，通过对单体设备、变电站、供电区域三个层面评价电网运行效率和供电能力，并可进行效率预测、对比分析，进而对相关业务提供支撑。

（1）单体设备运营效率。通过安全性和经济性两个角度对其运营效率进行分析评价，本次仅对设备运营效率低于 0.1 的轻载情况进行监测分析。

（2）变电站运营效率。通过综合所属线路及主变压器负载情况，对其进行分析评价，本次仅对变电站运营效率低于 0.1 的轻载情况进行检测分析。

(3) 供电区域运营效率。通过综合所属线路及主变压器负载情况，对其进行分析评价，本次仅对供电区域运营效率低于 0.1 的轻载情况进行监测分析。供电区域划分主要依据行政级别或规划水平年的负荷密度，并参考经济发达程度、用户重要程度、用电水平、GDP 等因素确定为 A+、A~E 六类。

#### 1.4.1.1 设备运行效率监测

设备运行效率监测可按 1 种维度、3 种量度对本周或当月数据进行监测分析，分析设备的总数、低效率设备数、低效率设备数量的占比情况，展现设备轻载的分布情况。监测分析数据来源于【低效率设备明细表】。

维度："供电单位"取自"供电单位"列。

量度：①"设备总数"取自所监测设备数量汇总值；②"低效率设备数量"取自监测设备中低效率的设备数量汇总值；③"低效率设备数量占比"取自低效率设备数量与设备总数的比值；

表 1-2 为运营效率低于 0.1 的设备个数统计。

**表 1-2　运营效率低于 0.1 的设备个数统计**

| 供电单位 | 设备总数 | 低效率设备数量 | | | | | 低效率设备数量占比 |
|---|---|---|---|---|---|---|---|
| | | 高压线 | 主变压器 | 中压线 | 配电变压器 | 合计 | |
| 单位 1 | 9327 | 20 | 3 | 42 | 5260 | 5325 | 57.09% |
| 单位 2 | 7271 | 21 | 9 | 73 | 4412 | 4515 | 62.10% |
| 单位 3 | 4287 | 37 | 10 | 64 | 2564 | 2675 | 62.40% |
| 单位 4 | 6786 | 21 | | 58 | 4458 | 4537 | 66.86% |
| 单位 5 | 3190 | 18 | 9 | 38 | 2124 | 2189 | 68.62% |
| 单位 6 | 7593 | 40 | 17 | 112 | 5073 | 5242 | 69.04% |

#### 1.4.1.2 变电站运行效率监测

变电站运行效率监测可按 1 种维度、3 种量度对本周或当月数据进行趋势分析，研判低效率变电站数量的变化趋势。趋势分析数据分别来源于【变电站运行效率明细表】。

维度："供电单位"取自"所属地市"列。

量度：①"变电站总数"取自所监测变电站座数汇总值；②"低效率变电站"取自所监测低效率变电站座数汇总值；③"占比"取自低效率变电站座数与变电站座数的比值。

低效率变电站分布趋势图如图 1-13 所示。

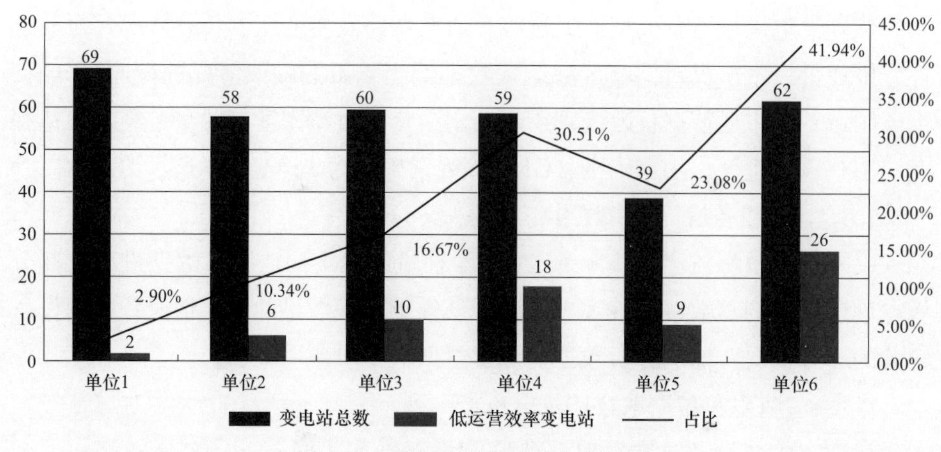


图 1-13　低效率变电站分布趋势图

#### 1.4.1.3　供电区域运行效率监测

通过供电区域轻载运行监测分析，从地市单位、供电分区、片区类别、设备类别等维度分析研判低效率供电区域数量的变化趋势，趋势分析数据来源于【运营效率低于 0.1 的供电分区明细】（见表 1-3）。

表 1-3　运营效率低于 0.1 的供电分区

| 地市 | 供电分区 | 片区类别 | 高压线 | 主变压器 | 中压线 | 配电变压器 | 效率 |
|---|---|---|---|---|---|---|---|
| 单位 2 | 区域 1 | D类 | 0.0584 | 0.0706 | 0.0317 | 0.0379 | 0.0539 |
| 单位 2 | 区域 2 | D类 |  | 0.3026 | 0.0601 | 0.0777 | 0.0781 |
| 单位 3 | 区域 3 | D类 |  | 0.0585 | 0.0502 | 0.0412 | 0.0509 |
| 单位 4 | 区域 4 | D类 | 0.0735 |  | 0.0728 | 0.0612 | 0.0724 |
| 单位 5 | 区域 5 | B类 |  | 0.1965 | 0.0890 | 0.0379 | 0.0900 |
| 单位 5 | 区域 6 | C类 |  | 0.0496 | 0.1354 | 0.1138 | 0.0749 |
| 单位 5 | 区域 7 | C类 | 0.0494 | 0.0895 | 0.0106 | 0.0101 | 0.0592 |
| 单位 5 | 区域 8 | D类 | 0.0006 | 0.0839 | 0.0974 | 0.0742 | 0.0916 |
| 单位 5 | 区域 9 | D类 |  | 0.0784 | 0.0247 | 0.0842 | 0.0333 |
| 单位 5 | 区域 10 | D类 |  | 0.1700 | 0.0042 | 0.1022 | 0.0303 |
| 单位 6 | 区域 11 | D类 | 0.1551 | 0.1672 | 0.0636 | 0.0813 | 0.0869 |

### 1.4.2　供电能力监测分析

通过对主变压器线路重过载的发生情况来评估供电能力指标，从而为业务部门提供有效的数据支撑。以下为主变压器线路负荷及重过载监测分析实例。

#### 1.4.2.1　重过载监测

气温的升高、降雨等气象原因会使用电负荷急剧增加，导致设备重过载现象的发生，影响设备的正常运行。本次通过对变电站负荷以及线路负荷在不同时段随气温的变化趋势以及重过载发生状况进行监测分析，推断负荷变化的原因，掌握负荷变化的趋势，同时在高温天气、雨季时段等恶劣的自然条件下给予合理的建议，可以辅助运维检修人员合理安排故障抢修时间，提高供电服务水平。

#### 1.4.2.2　变电站负荷监测

变电站负荷监测可按 2 种维度、2 种量度对本月变电站负荷数据进行趋势分析，分析研判变电站负荷值随气温的变化趋势。趋势监测数据来源于【变电站负荷数据明细表】。

维度：①“监测日期”取自“监测日期”列；②“变电站名称”取自“所属电站”列。

量度：①“最高气温”取自“最高气温”列；②“最大负荷值”取自“最大负荷值（兆瓦，MW）”列。

变电站负荷趋势分析：反应各维度下的变电站最大负荷值的变化趋势，并从气温与负荷值得变化中可以推断出二者之间的关联关系。

变电站负荷变化趋势图如图 1-14 所示。

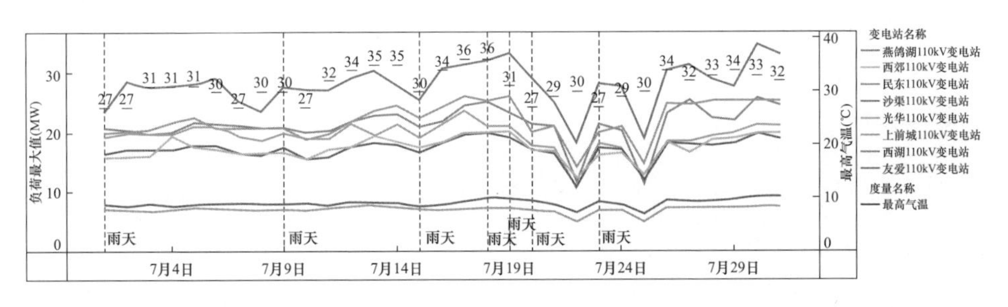


图 1-14　变电站负荷变化趋势图

#### 1.4.2.3　主变压器重过载监测

变电站重过载监测可按 3 种维度、2 种量度对本月主变压器重过载次数进行趋势分析，如图 1-15 所示。趋势监测数据来源于【主变重过载明细表】。

维度：①“变电站名称”取自“所属电站”列；②“监测日期”取自“监测日期”列；③“设备名称”取自“设备名称”列。

量度：①“变电站座数”取自“重载”或“过载”变电站座数汇总值；②“最大负荷值”取自“最大负荷值（兆瓦，MW）”列。

主变压器重过载趋势分析：反应各维度下的主变压器设备重过载数量变化趋势。

是否重过载 ■ 过载 ■ 重载

| 变电站数量(座) | 黄羊滩35kV变电站 | | | 立岗35kV变电站 | 西湖110kV变电站 | | | | 盈北110kV变电站 | |
|---|---|---|---|---|---|---|---|---|---|---|
| | 18 | 19 | 20 | 13 | 18 | 19 | 30 | 31 | 5 | 11 |
| | 1号主变压器 5.1 | 1号主变压器 5.1 | 1号主变压器 5.1 | 1号主变压器 3.3 | 1号主变压器 32.1 | 1号主变压器 33.3 | 1号主变压器 34.9 | 1号主变压器 33.3 | 2号主变压器 50.0 | 2号主变压器 50.0 |
| | 重载 | 重载 | 重载 | 重载 | 重载 | 重载 | 重载 | 重载 | 过载 | 过载 |

图 1-15　变电站重过载详情图

### 1.4.2.4　线路负荷监测

线路负荷监测可按 2 种维度、2 种量度对本月负荷数据进行趋势分析，分析研判线路负荷值随气温的变化趋势。趋势监测数据来源于【线路负荷数据明细表】。

维度：①“监测日期”取自“监测日期”列；②“线路名称”取自“所属线路”列。

量度：①“最高气温”取自“最高气温”列；②“最大负荷值”取自“最大负荷值（兆瓦，MW)”列。

线路负荷趋势分析：从气温与负荷的整体变化趋势上来看，二者成正相关性变化，如图 1-16 所示。

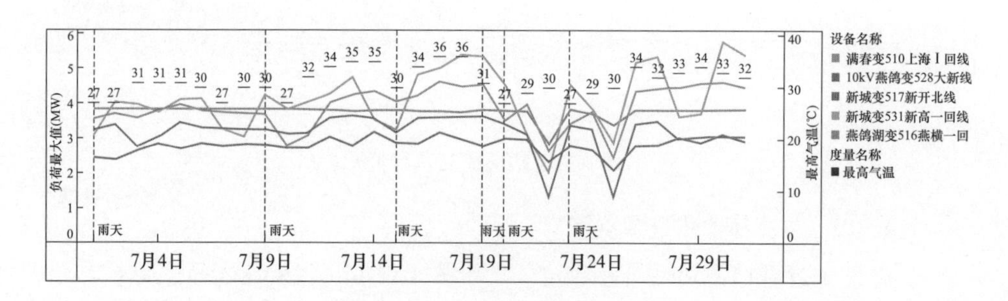


图 1-16　线路负荷变化趋势图

### 1.4.2.5　线路重过载监测

线路重过载监测可按 2 种维度、2 种量度对本月线路重过载进行趋势分析。趋势监测数据来源于【线路重过载明细表】。

维度：①“线路名称”取自“所属线路”列；②“监测日期”取自“监测日期”列。

量度：①“线路条数”取自“重载”或“过载”线路条数汇总值；②“重载次数”取自线路“重载”或“过载”次数的总和。

线路重过载趋势分析：通过监测分析发现线路重过载情况随气温的变化明显，线路负荷过载情况集中出现在高温天气时段，并且本月最高气温为 36℃ 时重载线路条数也达到最多的 12 条。

线路重过载变化趋势详情如图 1-17 所示。

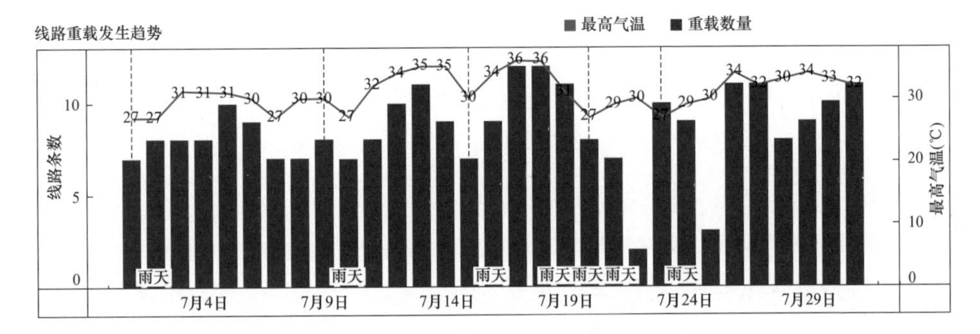


图 1-17　线路重过载变化趋势详情图

# 2 电网输变电设备运维检修监测分析

通过明确数据采录、分析、核查和治理具体工作方法，结合“迎峰度夏”“迎峰度冬”“隐患排查”保电等工作对生产设备运维检修工作开展监测，制定现场数据采集、录入、核查作业规范，完善生产业务信息异动工作流程及操作规范，支撑生产设备运行管理工作。

该项监测工作模式、方法经过探索、实践逐步趋于成熟，实现了从运维、检修、试验、缺陷、数据质量管理五个方面，可对输电、变电、配电以及其他生产设备管理规范性开展监测，在省、地两级运监中心形成闭环、固化的监测体系。

## 2.1 配电变压器台账信息数据质量监测

配电变压器台账数据质量监测主要从监测业务内容、监测规则制定依据、监测方法、数据源头、大数据分析应用、监测分析实例等方面进行描述，以确保监测的目的性、流程化。分析说明配电变压器台账数据质量监测业务中出现的常见数据质量问题的原因，并以示例的形式对部分监测案例进行列举，方便读者参考应用。

### 2.1.1 监测分析内容

配电变压器台账数据质量主题监测，主要按照设备（资产）运维精益管理系统（Property Management System，PMS）、企业资源计划系统（Enterprise Resource Planning，ERP）中配电变压器信息数据质量评价规则进行监测，通过清理垃圾数据、完善设备信息，从而提升设备信息数据质量，为开展设备状态检修、全寿命管理创造条件。主要监测内容包括：数据信息录入及时性、关键字段信息完整性、数据信息准确性、数据信息一致性等。

### 2.1.2 监测分析方法

在了解了上述所描述的配电变压器台账数据质量主题监测内容时，对具体数据质量核查规则不明确、数据源不清楚、监测方法不理解时，数据质量核查工作仍然无法开展，因而本小节对配电变压器台账数据质量核查规则制定的基本依据、数据来源、总体监测方法进行简要介绍。

#### 2.1.2.1 监测依据

依据《电网运营数据质量评估通用准则》（Q/GDW 11570—2016）相关内容进行监测，具体内容如下：

4.2.2 完整性约束规则

4.2.2.1 记录完整性约束规则：该约束规则规定了被评估数据集中记录的数量应（或在满足某种条件下应）符合业务期望。

4.2.2.2 非空约束规则该约束规则：规定了被评估数据集中数据应（或满足某种条件下应）不为空。

4.2.2.3 主键约束规则：该约束规则规定了当被评估数据集中某个字段为主键时，数据取值应能够唯一标识一条记录。

4.2.2.4 外键约束规则：该约束规则规定了当被评估数据集中某个字段为外键时，该字段应（或满足某种条件下应）引用另一个数据表的主键。

4.2.4 准确性约束规则

4.2.4.1 值域约束规则：该约束规则规定了被评估数据集中数据取值应（或满足某种条件下应）在某一范围内出现，其中取值范围可以通过数据字典、业务知识、历史数据的分布及变化规律等一种或多种手段辅助判定。

4.2.4.2 等值函数依赖约束规则：该约束规则规定了同一数据表中，某个数据应（或满足某种条件下应）由另一个或多个数据计算得出，这种等值计算关系需符合业务特征。

4.2.4.3 逻辑函数依赖约束规则：该约束规则规定了同一数据表中，某个数据应（或满足某种条件下应）与另一个或多个数据满足某种逻辑关系（大于、小于、早于、晚于等），这种逻辑关系需符合业务特征。

4.2.4.4 代码约束规则：该约束规则规定了被评估数据集中数据取值应（或满足某种条件下应）遵循源业务系统设计。

4.2.5 一致性约束规则

4.2.5.1 等值一致性依赖约束规则：该约束规则规定了不同数据表中，某个数据应（或满足某种条件下应）由其他数据表的一个或多个数据计算得出，这种等值计算关系需符合业务特征。

4.2.5.2 逻辑一致性依赖约束规则：该约束规则规定了不同数据表中，某个数据应（或满足某种条件下应）与其他数据表的一个或多个数据满足某种逻辑关系（大于、小于、早于、晚于等），这种逻辑关系需符合业务特征。

**2.1.2.2 数据来源**

（1）通过“电网资源中心→电网资源管理→设备台账管理→设备台账查询统计”功能项，选定配电变压器设备类型，导出配电变压器台账数据，形成“设备台账表”。

（2）通过“ERP 事物代码 ZFI29157→固定资产明细表”数据表，导出数据，形成固定资产明细表。

（3）通过固定资产明细表中的“设备编码”字段与设备台账表中的 obj _ id 字段进行匹配，得出每一台配电变压器设备资产信息与台账信息相对应的生产设备资产与台账信息宽表，开展监测。

**2.1.2.3 监测方法**

通过“电网资源中心→电网资源管理→设备台账管理→设备台账查询统计”功能项，导出台账数据表，按照完整性、准确性规则可直接进行，可与 ERP 中导出固定资产明细表中的“设备编码”字段与设备台账表中的 obj _ id 字段进行匹配，拼接成宽表进行关键字段信息一致性的分析。

本监测主题可以按月、季、年进行监测。

### 2.1.3 大数据分析应用

基于大数据的分析方法为核查配电变压器设备台账数据质量提供技术支持。基于大数据的分析思路，将不同业务系统设备多个字段的数据进行关联，不仅有助于对单个业务系统设备台账的数据质量进行核查、辨识，而且可以提高业务管理、整改措施制定的针对性，及时缩小排查范围，以问题为导向，为提升业务系统数据质量改善及数据资产深化应用奠定基础。

**2.1.3.1 基本情况**

配电变压器数据质量核查主要从关键信息字段的完整性、准确性、一致性三个方面开展，通常按单位、数量等维度进行台账记录数据质量分布情况分析。

（1）配电变压器关键信息缺失分布情况：可按“单位”维度（取自“所属地市名称”），“字段信息缺失数量”量度（取自“记录数量”）开展情况分析工作，反映出分单位、完整性状态的台账记录情况。

（2）配电变压器数据信息准确性情况分布：可按“单位”维度（取自“所属地市名称”），“字段信息错误数量”量度（取自“记录数量”）开展情况分析工作，反映出分单位、准确性性状态的台账记录情况。

（3）配电变压器数据信息一致性趋势分析：可按“单位”维度（取自“所属地市名称”），“字段信息不一致数量”量度（取自“记录数量”）开展情况分析工作，反映出分单位、一致性状态的台账记录情况。

#### 2.1.3.2 异动监测

配电变压器数据质量核查主要从关键信息字段的完整性、准确性、一致性三个方面，按照异动规则，筛选出关键参数信息的异动明细，便于进一步下发核查和数据更正。

（1）配电变压器关键参数信息缺失：通过筛查【设备台账表】关键字段数据是否为空，监测出 PMS 系统变压器基本信息缺失的情况，关键字段信息主要包括：额定容量、间隔单元、绝缘介质、空载损耗、设备增加方式、生产厂家、使用性质、是否代维、型号、投运日期、资产编号。

（2）配电变压器台账关键字段信息错误：通过对【设备台账表】关键字段信息设定异动筛选规则，监测出 PMS 系统变压器关键字段信息错误的情况，关键字段信息异动规则主要包括：20≤额定容量(kVA)≤2500、100≤空载损耗(W)≤4000、1000≤负载损耗(W)≤20000、工程编号字符位数须等于 12 位（命名规范）、投运日期超出出厂日期在（30～5×365 天）、农网与地区特征是否匹配（“市中心区”“县城区”“市区”不与农网匹配；“农村”“城镇”“乡镇”与农网匹配）、空载损耗(W)≤负载损耗(W)或 7×空载损耗(W)＞负载损耗(W)、额定容量与型号不匹配、型号带有 H 的设备为非晶变，判断型号与非晶变是否一致、出厂日期早于登记日期、短路损耗与空载损耗范围异常等。

（3）ERP 与 PMS 设备主要信息字段差异：对拥有同一设备编码（或资产编码）的主要信息字段进行匹配分析，监测出主要信息字段不一致的设备情况，主要信息字段包括：设备状态、资产描述（PMS 中称为设备名称）、电压等级。

#### 2.1.3.3 业务常见问题

产生配电变压器数据质量异动的主要原因有：①数据生成、录入环节因业务人员责任心不强或业务水平低造成的录入错误；②信息系统升级过程中数据迁移措施不当造成数据遗失；③信息系统间数据共享推送环节接口程序存在功能缺陷，造成数据未能成功推送。具体有如下几个方面。

（1）配电变压器关键字段信息数据缺失常见原因有：①PMS1.0 向 PMS2.0 进行数据迁移时个别数据遗失造成；②数据信息录入人员将个别字段遗漏填写。

（2）配电变压器设备关键字段信息数据错误常见原因有：①部分用户设备移交公司时，将移交日期填为投运日期；②部分变电设备原为库存备用设备，后因工程建设或设备故障检修调拨使用，导致此类设备投运日期与出厂日期超过 3 年；③设备维护人员在系统中填写设备相应信息时，未按照主设备表准确填写。

（3）配电变压器设备数据信息一致性常见问题有：①PMS 中设备信息没有同步到 ERP 中，导致 ERP 设备资产信息不一致；②ERP 中资产信息录入错误，在 PMS 中无法进行设备匹配；③在 ERP 或 PMS 系统中手工单独进行了设备资产信息更新，关联信息有未及时更新；四是旧设备退役，新设备占用原间隔名称，导致相应参数不对应。

### 2.1.4 监测分析实例

**【示例 1】 配电变压器台账关键字段信息数据缺失。**

根据 10kV 配电变压器的必填字段为空数据质量核查结果，全公司整体的数据录入完整性较高，但除“单位 6”外，其他单位的“资产编号”未录入情况比较突出，如图 2-1 所示。

**【示例 2】 配电变压器台账关键字段信息数据错误。**

根据 10kV 配电变压器必填字段数据填写错误核查结果，“单位 1”“单位 5”的数据错误率较低，“单位 3”“单位 2”“单位 6”“单位 4”的数据错误率较高。主要错误为“低压额定电流不符合规定”“高压额定电流不符合规定”“非晶变与型号不匹配”，如图 2-2 所示。

| 配电变压器-必填字段为空异动分析 | | | | | | | | | | | | |
|---|---|---|---|---|---|---|---|---|---|---|---|---|
| 字段名称 | 单位1 | | 单位2 | | 单位3 | | 单位4 | | 单位5 | | 单位6 | |
| | 条数 | 比率 | 条数 | 比率 | 条数 | 比率 | 条数 | 比率 | 条数 | 比率 | 条数 | 比率 |
| 额定容量 | | 0.00% | 4 | 1.42% | | 0.00% | | 0.00% | | 0.00% | | 0.00% |
| 间隔单元 | | 0.00% | 1 | 0.35% | | 0.00% | | 0.00% | 1 | 0.43% | | 0.00% |
| 绝缘介质 | 1 | 0.26% | 4 | 1.42% | | 0.00% | | 0.00% | | 0.00% | | 0.00% |
| 空载损耗 | 2 | 0.53% | 22 | 7.80% | | 0.00% | 3 | 1.95% | | 0.00% | 1 | 9.09% |
| 设备增加方式 | 2 | 0.53% | 5 | 1.77% | 1 | 1.67% | | 0.00% | | 0.00% | 1 | 9.09% |
| 生产厂家 | 1 | 0.26% | 4 | 1.42% | | 0.00% | | 0.00% | | 0.00% | | 0.00% |
| 使用性质 | 1 | 0.26% | | 0.00% | | 0.00% | | 0.00% | | 0.00% | | 0.00% |
| 是否代维 | 1 | 0.26% | 4 | 1.42% | | 0.00% | | 0.00% | | 0.00% | | 0.00% |
| 型号 | 1 | 0.26% | 4 | 1.42% | | 0.00% | | 0.00% | | 0.00% | | 0.00% |
| 投运日期 | | 0.00% | 4 | 1.42% | | 0.00% | | 0.00% | | 0.00% | | 0.00% |
| 资产编号 | 292 | 77.04% | 262 | 92.91% | 60 | 100.00% | 137 | 88.96% | 117 | 50.65% | 1 | 9.09% |
| 合计 | 301 | 79.42% | 314 | 111.35% | 61 | 101.67% | 140 | 90.91% | 118 | 51.08% | 3 | 27.27% |

图 2-1　10kV 配电变压器台账必填字段为空数据质量异动系统截图

| 断路器-字段填写错误异动分析 | | | | | | | | | | | | | |
|---|---|---|---|---|---|---|---|---|---|---|---|---|---|
| 字段名称 | 异动筛选规则 | 单位1 | | 单位2 | | 单位3 | | 单位4 | | 单位5 | | 单位6 | |
| | | 条数 | 比率 | 条数 | 比率 | 条数 | 比率 | 条数 | 比率 | 条数 | 比率 | 条数 | 比率 |
| 是否代维 | 代维不为否 | | 0.00% | | 0.00% | 2 | 0.49% | 2 | 0.31% | 2 | 0.23% | | 0.00% |
| 登记时间、出厂日期 | 登记时间早于出厂日期 | 3 | 0.11% | 1 | 0.14% | 1 | 0.24% | 2 | 0.31% | 2 | 0.23% | | 0.00% |
| 额定电流、型号 | 额定电流超范围 | 4 | 0.14% | 56 | 8.06% | 3 | 0.73% | 1 | 0.15% | 2 | 0.23% | 2 | 1.15% |
| | 额定电流与型号不匹配 | 35 | 1.26% | 28 | 4.03% | 57 | 13.87% | 4 | 0.61% | 78 | 8.88% | 2 | 1.15% |
| 额定电压 | 额定电压与型号不匹配 | 17 | 0.61% | 33 | 4.75% | 103 | 25.06% | 13 | 2.00% | 252 | 28.70% | 27 | 15.52% |
| 额定动稳电流（峰值） | 额定动稳电流（峰值）超范围 | 109 | 3.92% | 113 | 16.26% | 86 | 20.92% | 319 | 49.00% | 388 | 44.19% | 20 | 11.49% |
| 额定短路电流开段次数、额定短路开断电流 | 额定短路电流开段次数与额定短路开断电流不匹配 | 2320 | 83.33% | 93 | 13.38% | 54 | 13.14% | 579 | 88.94% | 181 | 20.62% | 2 | 1.15% |
| | 额定短路开断电流填写不规范 | 35 | 1.26% | 53 | 7.63% | 9 | 2.19% | 5 | 0.77% | 4 | 0.46% | 14 | 8.05% |
| 额定热稳定电流 | 额定热稳定电流超范围 | 1 | 0.04% | 10 | 1.44% | 12 | 2.92% | | 0.00% | 1 | 0.11% | | 0.00% |
| 分/合闸控制线圈额定电压 | 分/合闸控制线圈额定电压超范围 | 5 | 0.18% | 48 | 6.91% | 67 | 16.30% | 317 | 48.69% | 279 | 31.78% | | 0.00% |
| 灭弧介质、型号 | 灭弧介质与型号不匹配 | 17 | 0.61% | 123 | 17.70% | 93 | 22.63% | 99 | 15.21% | 155 | 17.65% | 29 | 16.67% |
| 设备状态、投运日期 | 投运日期大于当期日期 | | 0.00% | | 0.00% | | 0.00% | | 0.00% | | 0.00% | 15 | 8.62% |
| | 未投运有投运日期 | 29 | 1.04% | 3 | 0.43% | 6 | 1.46% | 13 | 2.00% | 4 | 0.46% | 63 | 36.21% |
| | 合计 | 2575 | 92.49% | 561 | 80.72% | 493 | 119.95% | 1354 | 207.99% | 1348 | 153.53% | 174 | 100.00% |

图 2-2　10kV 断路器的必填字段数据填写错误核查结果

**【示例 3】　配电变压器台账数据信息一致性常见问题。**

如图 2-3 所示，可以看到，资产编码为 140300071736 的设备，在 ERP 系统中资产状态为“未投运”，在 PMS 系统中设备状态为“在运”。

图 2-3　10kV 配电变压器台账数据信息一致性异动系统截图

## 2.2　10kV 断路器台账信息数据质量监测

10kV 断路器台账数据质量监测主要从监测业务内容、监测规则制定依据、监测方法、数据源头、大数据分析应用、监测分析实例等方面进行描述，以确保监测的目的性、流程化。分析说明 10kV 断路器台账数据质量监测业务中出现的常见数据质量问题的原因，并以示例的形式对部分监测案例进行列举，方便读者参考应用。

### 2.2.1　监测分析内容

10kV 断路器台账数据质量主题监测，主要按照 PMS、ERP 中 10kV 断路器信息数据质量评价规则进行监测，通过清理垃圾数据、完善设备信息，从而提升设备信息数据质量，为开展设备状态检修、全寿命管理创造条件。主要监测内容包括：数据信息录入及时性、关键字段信息完整性、数据信息准确性、数据信息一致性等。

### 2.2.2　监测分析方法

在了解了上述所描述的 10kV 断路器台账数据质量主题监测分析内容时，对具体数据质量核查规则不明确、数据源不清楚、监测方法不理解时，数据质量核查工作仍然无法开展，因而本小节对 10kV 断路器台账数据质量核查规则制定的基本依据、数据来源、总体监测方法进行如下简要介绍。

#### 2.2.2.1　监测依据

依据《电网运营数据质量评估通用准则》(Q/GDW 11570—2016) 相关内容进行监测，具体内容如下：

4.2.2 完整性约束规则

4.2.2.1　记录完整性约束规则：该约束规则规定了被评估数据集中记录的数量应（或在满足某种条件下应）符合业务期望。

4.2.2.2　非空约束规则该约束规则：规定了被评估数据集中数据应（或满足某种条件下应）不为空。

4.2.2.3　主键约束规则：该约束规则规定了当被评估数据集中某个字段为主键时，数据取值应能够唯一标识一条记录。

4.2.2.4　外键约束规则：该约束规则规定了当被评估数据集中某个字段为外键时，该字段应（或满足某种条件下应）引用另一个数据表的主键。

4.2.4 准确性约束规则

4.2.4.1　值域约束规则：该约束规则规定了被评估数据集中数据取值应（或满足某种条件下应）在某一范围内出现，其中取值范围可以通过数据字典、业务知识、历史数据的分布及变化规律等一种或多种手段辅助判定。

4.2.4.2　等值函数依赖约束规则：该约束规则规定了同一数据表中，某个数据应（或满足某种条件下应）由另一个或多个数据计算得出，这种等值计算关系需符合业务特征。

4.2.4.3　逻辑函数依赖约束规则：该约束规则规定了同一数据表中，某个数据应（或满足某种条件下应）与另一个或多个数据满足某种逻辑关系（大于、小于、早于、晚于等），这种逻辑关系需符合业务特征。

4.2.4.4　代码约束规则：该约束规则规定了被评估数据集中数据取值应（或满足某种条件下应）遵循源业务系统设计。

4.2.5 一致性约束规则

4.2.5.1　等值一致性依赖约束规则：该约束规则规定了不同数据表中，某个数据应（或满足某种条件下应）由其他数据表的一个或多个数据计算得出，这种等值计算关系需符合业务特征。

4.2.5.2　逻辑一致性依赖约束规则：该约束规则规定了不同数据表中，某个数据应（或满足某种条件下应）与其他数据表的一个或多个数据满足某种逻辑关系（大于、小于、早于、晚于等），这种逻辑关系需符合业务特征。

**2.2.2.2　数据来源**

（1）通过“电网资源中心→电网资源管理→设备台账管理→设备台账查询统计”功能项，选定 10kV 断路器设备类型，导出 10kV 断路器台账数据，形成设备台账表。

（2）通过“ERP 事物代码 ZFI29157→固定资产明细表”数据表，导出数据固定资产明细表。

（3）通过固定资产明细表中的“设备编码”字段与设备台账表中的 obj _ id 字段进行匹配，得出每一台 10kV 断路器设备资产信息与台账信息相对应的生产设备资产与台账信息宽表，开展监测。

**2.2.2.3　监测方法**

通过“电网资源中心→电网资源管理→设备台账管理→设备台账查询统

计”功能项，导出台账数据表，按照完整性、准确性规则可直接进行，可与ERP中导出固定资产明细表中的“设备编码”字段与设备台账表中的obj _ id字段进行匹配，拼接成宽表进行关键字段信息一致性的分析。

本监测主题可以按月、季、年进行监测。

### 2.2.3 大数据分析应用

基于大数据的分析方法为核查10kV断路器设备台账数据质量提供技术支持。基于大数据的分析思路，将不同业务系统设备多个字段的数据进行关联，不仅有助于对单个业务系统设备台账的数据质量进行核查、辨识，而且可以提高业务管理、整改措施制定的针对性，及时缩小排查范围，以问题为导向，为提升业务系统数据质量改善及数据资产深化应用奠定基础。

#### 2.2.3.1 基本情况

10kV断路器数据质量核查主要从关键信息字段的完整性、准确性、一致性三个方面开展，通常按单位、数量等维度进行台账记录数据质量分布情况分析。

(1) 10kV断路器关键信息缺失分布情况：可按“单位”维度（取自“所属地市名称”），“字段信息缺失数量”量度（取自“记录数量”）开展情况分析工作，反映出分单位、完整性状态的台账记录情况。

(2) 10kV断路器数据信息准确性情况分布：可按“单位”维度（取自“所属地市名称”），“字段信息错误数量”量度（取自“记录数量”）开展情况分析工作，反映出分单位、准确性状态的台账记录情况。

(3) 10kV断路器数据信息一致性趋势分析：可按“单位”维度（取自“所属地市名称”），“字段信息不一致数量”量度（取自“记录数量”）开展情况分析工作，反映出分单位、一致性状态的台账记录情况。

#### 2.2.3.2 异动监测

10kV断路器数据质量核查主要从关键信息字段的完整性、准确性、一致性三个方面，按照异动规则，筛选出关键参数信息的异动明细，便于进一步下发核查和数据更正。

(1) 10kV断路器关键参数信息缺失：通过筛查“设备台账表”关键字段数据是否为空，监测出PMS系统10kV断路器关键参数信息缺失的情况，关键字段信息主要包括：操作方式、操作机构形式、额定电流、额定电压、开关作用、灭弧介质、运行编号等。

（2）10kV 断路器台账关键字段信息错误：通过对“设备台账表”关键字段信息设定异动筛选规则，监测出 PMS 系统断路器关键字段信息错误的情况，关键字段信息异动规则主要包括：代维不为否、登记时间早于出厂日期、额定电流超范围、额定电流与型号不匹配、额定电压与型号不匹配、额定动稳电流（峰值）超范围、额定短路电流开断次数与额定短路开断电流不匹配、额定短路开断电流填写不规范、额定热稳定电流超范围、分/合闸控制线圈额定电压超范围、灭弧介质与型号不匹配、投运日期大于当前日期、未投运有投运日期等。

（3）ERP 与 PMS 设备主要信息字段差异：对拥有同一设备编码（或资产编码）的主要信息字段进行匹配分析，监测出主要信息字段不一致的设备情况，主要信息字段包括：设备状态、资产描述（PMS 中称为设备名称）、电压等级。

**2.2.3.3　业务常见问题**

产生 10kV 断路器数据质量异动的主要原因是：①数据生成、录入环节因业务人员责任心不强或业务水平低造成的录入错误；②信息系统升级过程中数据迁移措施不当造成数据遗失；③信息系统间数据共享推送环节接口程序存在功能缺陷，造成数据未能成功推送。具体有如下几个方面。

（1）10kV 断路器关键字段信息数据缺失常见原因：①PMS1.0 向 PMS2.0 进行数据迁移时个别数据遗失造成；②数据信息录入人员将个别字段遗漏填写。

（2）10kV 断路器设备关键字段信息数据错误常见原因：①部分用户设备移交公司时，将移交日期填为投运日期；②部分变电设备原为库存备用设备，后因工程建设或设备故障检修调拨使用，导致此类设备投运日期与出厂日期超过 3 年；③设备维护人员在系统中填写设备相应信息时，未按照主设备表准确填写。

（3）10kV 断路器设备数据信息一致性常见问题：①PMS 中设备信息没有同步到 ERP 中，导致 ERP 设备资产信息不一致；②ERP 中资产信息录入错误，在 PMS 中无法进行设备匹配；③在 ERP 或 PMS 系统中手工单独进行了设备资产信息更新，关联信息有未及时更新；④旧设备退役，新设备占用原间隔名称，导致相应参数不对应。

### 2.2.4　监测分析实例

**【示例 1】　10kV 断路器台账关键字段信息数据缺失。**

根据 10kV 断路器必填字段为空数据质量核查结果，“单位 1”“单位 3”“单位 4”“单位 6”未发现异动数据，“单位 2”“单位 5”存在异动数据，如图 2-4 所示。

| 断路器-必填字段为空异动分析 | | | | | | | | | | | | |
|---|---|---|---|---|---|---|---|---|---|---|---|---|
| 字段名称 | 单位1 | | 单位2 | | 单位3 | | 单位4 | | 单位5 | | 单位6 | |
| | 条数 | 比率 | 条数 | 比率 | 条数 | 比率 | 条数 | 比率 | 条数 | 比率 | 条数 | 比率 |
| 操作方式 | | | 1 | 0.14% | | | | | 3 | 0.34% | | |
| 操作机构形式 | | | 1 | 0.14% | | | | | 3 | 0.34% | | |
| 额定电流 | | | 1 | 0.14% | | | | | 3 | 0.34% | | |
| 额定电压 | | | 1 | 0.14% | | | | | 3 | 0.34% | | |
| 开关作用 | | | 1 | 0.14% | | | | | 3 | 0.34% | | |
| 灭弧介质 | | | 1 | 0.14% | | | | | 3 | 0.34% | | |
| 运行编号 | | | 1 | 0.14% | | | | | 4 | 0.46% | | |
| | | | 7 | 1.01% | | | | | 22 | 2.51% | | |

图 2-4　10kV 断路器台账必填字段为空数据质量异动统计

**【示例 2】 10kV 断路器台账关键字段信息数据错误。**

根据 10kV 断路器的必填字段数据填写错误核查结果，“单位 2”“单位 6”“单位 1”的数据填写错误率较低，“单位 4”“单位 5”“单位 3”的数据填写错误率较高，主要错误为“额定短路电流开段次数与额定短路开断电流不匹配”“额定动稳电流（峰值）超范围”“分/合闸控制线圈额定电压超范围”，如图 2-5 所示。

| 断路器-字段填写错误异动分析 | | | | | | | | | | | | | |
|---|---|---|---|---|---|---|---|---|---|---|---|---|---|
| 字段名称 | 异动筛选规则 | 单位1 | | 单位2 | | 单位3 | | 单位4 | | 单位5 | | 单位6 | |
| | | 条数 | 比率 | 条数 | 比率 | 条数 | 比率 | 条数 | 比率 | 条数 | 比率 | 条数 | 比率 |
| 是否代维 | 代维不为否 | | 0.00% | | 0.00% | 2 | 0.49% | 2 | 0.31% | 2 | 0.23% | | 0.00% |
| 登记时间、出厂日期 | 登记时间早于出厂日期 | 3 | 0.11% | 1 | 0.14% | 1 | 0.24% | 2 | 0.31% | 2 | 0.23% | | 0.00% |
| 额定电流、型号 | 额定电流超范围 | 4 | 0.14% | 56 | 8.06% | 3 | 0.73% | 1 | 0.15% | 2 | 0.23% | 2 | 1.15% |
| | 额定电流与型号不匹配 | 35 | 1.26% | 28 | 4.03% | 57 | 13.87% | 4 | 0.61% | 78 | 8.88% | 2 | 1.15% |
| 额定电压 | 额定电压与型号不匹配 | 17 | 0.61% | 33 | 4.75% | 103 | 25.06% | 13 | 2.00% | 252 | 28.70% | 27 | 15.52% |
| 额定动稳电流（峰值） | 额定动稳电流（峰值）超范围 | 109 | 3.92% | 113 | 16.26% | 86 | 20.92% | 319 | 49.00% | 388 | 44.19% | 20 | 11.49% |
| 额定短路电流开段次数、额定短路开断电流 | 额定短路电流开段次数与额定短路开断电流不匹配 | 2320 | 83.33% | 93 | 13.38% | 54 | 13.14% | 579 | 88.94% | 181 | 20.62% | 2 | 1.15% |
| | 额定短路开断电流填写不规范 | 35 | 1.26% | 53 | 7.63% | 9 | 2.19% | 5 | 0.77% | 4 | 0.46% | 14 | 8.05% |
| 额定热稳定电流 | 额定热稳定电流超范围 | 1 | 0.04% | 10 | 1.44% | 12 | 2.92% | | 0.00% | 1 | 0.11% | | 0.00% |
| 分/合闸控制线圈额定电压 | 分/合闸控制线圈额定电压超范围 | 5 | 0.18% | 48 | 6.91% | 67 | 16.30% | 317 | 48.69% | 279 | 31.78% | | 0.00% |
| 灭弧介质、型号 | 灭弧介质与型号不匹配 | 17 | 0.61% | 123 | 17.70% | 93 | 22.63% | 99 | 15.21% | 155 | 17.65% | 29 | 16.67% |
| 设备状态、投运日期 | 投运日期大于当期日期 | | 0.00% | | 0.00% | | 0.00% | | 0.00% | | 0.00% | 15 | 8.62% |
| | 未投运有投运日期 | 29 | 1.04% | 3 | 0.43% | 6 | 1.46% | 13 | 2.00% | 4 | 0.46% | 63 | 36.21% |
| | 合计 | 2575 | 92.49% | 561 | 80.72% | 493 | 119.95% | 1354 | 207.99% | 1348 | 153.53% | 174 | 100.00% |

图 2-5　10kV 断路器台账必填字段填写错误异动系统截图

**【示例 3】 10kV 断路器台账数据信息一致性常见问题。**

如图 2-6 所示，可以看到，资产编码为 140300001235 的设备，在 ERP 系统中资产描述为“惠池牵线 121 断路器”而资产分类描述为“电流互感器”，在 PMS 系统中对应设备类型为“断路器”，信息相互不一致，无法匹配对应。

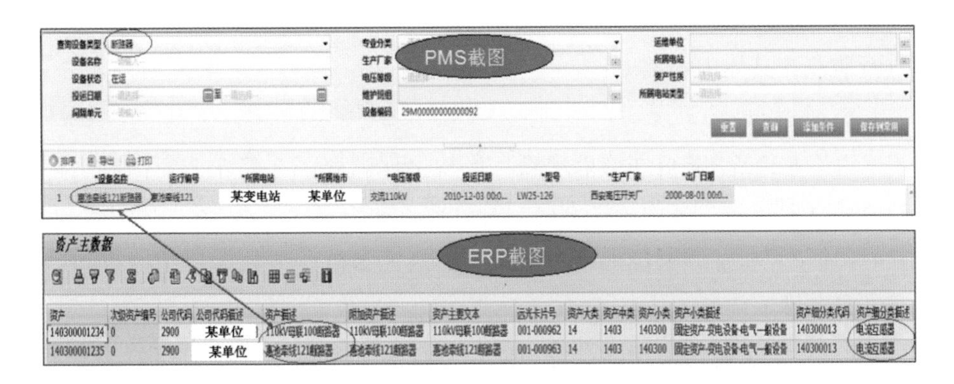


图 2-6　10kV 断路器台账数据信息一致性异动系统截图

## 2.3　输电线路导线台账信息数据质量监测

输电线路导线台账数据质量监测主要从监测业务内容、监测规则制定依据、监测方法、数据源头、大数据分析应用、监测分析实例等方面进行描述，以确保监测的目的性、流程化。分析说明配电变压器台账数据质量监测业务中出现的常见数据质量问题的原因，并以示例的形式对部分监测案例进行列举，方便读者参考应用。

### 2.3.1　监测分析内容

输电线路导线台账数据质量主题监测，主要按照 PMS、ERP 中输电线路导线信息数据质量评价规则进行监测，通过清理垃圾数据、完善设备信息，从而提升设备信息数据质量，为开展设备状态检修、全寿命管理创造条件。主要监测内容包括：数据信息录入及时性、关键字段信息完整性、数据信息准确性等。

### 2.3.2　监测分析方法

在了解了上述所描述的输电线路导线台账数据质量主题监测分析内容时，对具体数据质量核查规则不明确、数据源不清楚、监测方法不理解时，数据质量核查工作仍然无法开展，因而本小节对配电变压器台账数据质量核查规则制定的基本依据、数据来源、总体监测方法进行简要介绍。

#### 2.3.2.1 监测依据

依据《电网运营数据质量评估通用准则》（Q/GDW 11570—2016）相关内容进行监测，具体内容如下：

4.2.2 完整性约束规则

4.2.2.1　记录完整性约束规则：该约束规则规定了被评估数据集中记录的数量应（或在满足某种条件下应）符合业务期望。

4.2.2.2　非空约束规则该约束规则：规定了被评估数据集中数据应（或满足某种条件下应）不为空。

4.2.2.3　主键约束规则：该约束规则规定了当被评估数据集中某个字段为主键时，数据取值应能够唯一标识一条记录。

4.2.2.4　外键约束规则：该约束规则规定了当被评估数据集中某个字段为外键时，该字段应（或满足某种条件下应）引用另一个数据表的主键。

4.2.4 准确性约束规则

4.2.4.1　值域约束规则：该约束规则规定了被评估数据集中数据取值应（或满足某种条件下应）在某一范围内出现，其中取值范围可以通过数据字典、业务知识、历史数据的分布及变化规律等一种或多种手段辅助判定。

4.2.4.2　等值函数依赖约束规则：该约束规则规定了同一数据表中，某个数据应（或满足某种条件下应）由另一个或多个数据计算得出，这种等值计算关系需符合业务特征。

4.2.4.3　逻辑函数依赖约束规则：该约束规则规定了同一数据表中，某个数据应（或满足某种条件下应）与另一个或多个数据满足某种逻辑关系（大于、小于、早于、晚于等），这种逻辑关系需符合业务特征。

4.2.4.4　代码约束规则：该约束规则规定了被评估数据集中数据取值应（或满足某种条件下应）遵循源业务系统设计。

4.2.5 一致性约束规则

4.2.5.1　等值一致性依赖约束规则：该约束规则规定了不同数据表中，某个数据应（或满足某种条件下应）由其他数据表的一个或多个数据计算得出，这种等值计算关系需符合业务特征。

4.2.5.2　逻辑一致性依赖约束规则：该约束规则规定了不同数据表中，某个数据应（或满足某种条件下应）与其他数据表的一个或多个数据满足某种逻辑关系（大于、小于、早于、晚于等），这种逻辑关系需符合业务特征。

#### 2.3.2.2 数据来源

通过“电网资源中心→电网资源管理→设备台账管理→设备台账查询统计”功能项，选定输电线路导线设备类型，导出输电线路导线台账数据，形成“设备台账表”。

#### 2.3.2.3 监测方法

通过“电网资源中心→电网资源管理→设备台账管理→设备台账查询统计”功能项，导出台账数据表，按照完整性、准确性规则可直接进行，可与ERP中导出“固定资产明细表”中的“设备编码”字段与“设备台账表”中的obj_id字段进行匹配，拼接成宽表进行关键字段信息一致性的分析。

本监测主题可以按月、季、年进行监测。

### 2.3.3 大数据分析应用

基于大数据的分析方法为核查输电线路导线台账数据质量提供技术支持。基于大数据的分析思路，将不同业务系统设备多个字段的数据进行关联，不仅有助于对单个业务系统设备台账的数据质量进行核查、辨识，而且可以提高业务管理、整改措施制定的针对性，及时缩小排查范围，以问题为导向，为提升业务系统数据质量改善及数据资产深化应用奠定基础。

#### 2.3.3.1 基本情况

输电线路导线数据质量核查主要从关键信息字段的完整性、准确性两个方面开展，通常按单位、数量等维度进行台账记录数据质量分布情况分析。

（1）输电线路导线关键信息缺失分布情况：可按“单位”维度（取自“所属地市名称”），“字段信息缺失数量”量度（取自“记录数量”）开展情况分析工作，反映出分单位、完整性状态的台账记录情况。

（2）输电线路导线数据信息准确性情况分布：可按“单位”维度（取自“所属地市名称”），“字段信息错误数量”量度（取自“记录数量”）开展情况分析工作，反映出分单位、准确性性状态的台账记录情况。

#### 2.3.3.2 异动监测

输电线路导线数据质量核查主要从关键信息字段的完整性、准确性两个方面，按照异动规则，筛选出关键参数信息的异动明细，便于进一步下发核查和数据更正。

（1）输电线路导线关键参数信息缺失：通过筛查【设备台账表】关键字段数据是否为空，监测出PMS系统导线基本信息缺失的情况，关键字段信息主要包括：设备名称、生产厂家、是否代维、型号、长度、终止杆塔、导线截面、导线类型、是否农网。

（2）输电线路导线台账关键字段信息错误：通过对【设备台账表】关键字段信息设定异动筛选规则，监测出 PMS 系统输电线路导线关键字段信息错误的情况，关键字段信息异动规则主要包括：混合线路非混合架设、电缆线路电缆长度为 0、架空线路架空导线为 0、线路总长度不等于电缆长度与架空线路长度总和等。

#### 2.3.3.3 业务常见问题

产生输电线路导线数据质量异动的主要原因是：①数据生成、录入环节因业务人员责任心不强或业务水平低造成的录入错误；②信息系统升级过程中数据迁移措施不当造成数据遗失。具体有如下几个方面。

（1）输电线路导线关键字段信息数据缺失常见原因有：①PMS1.0 向 PMS2.0 进行数据迁移时个别数据遗失造成；②数据信息录入人员将个别字段遗漏填写。

（2）输电线路导线设备关键字段信息数据错误常见原因主要是设备维护人员在系统中填写设备相应信息时，未按照主设备表准确填写。

### 2.3.4 监测分析实例

**【示例 1】 输电线路导线台账关键字段信息数据缺失。**

本次核查抽取“单位 1”22171 条 、“单位 2”8390 条 、“单位 3”13324 条、“单位 4”14559 条 、“单位 5”17841 条 、“单位 6”19106 条、地市为空的：4 条，总计 95395 条。选取的 9 个必填字段中，数据录入完整性比较高的地市为：“单位 6”“单位 3”“单位 1”，分别为 99.71%、99.29%、99.17%。10kV 导线台账数据信息缺失异常统计如图 2-7 所示。

| 导线-必填字段为空异动分析 | | | | | | | | | | | | |
|---|---|---|---|---|---|---|---|---|---|---|---|---|
| 字段名称 | 单位1 | | 单位2 | | 单位3 | | 单位4 | | 单位5 | | 单位6 | |
| | 条数 | 比率 | 条数 | 比率 | 条数 | 比率 | 条数 | 比率 | 条数 | 比率 | 条数 | 比率 |
| 设备名称 | | 0.00% | | 0.00% | | 0.00% | | 0.00% | | 0.00% | 1 | 0.01% |
| 生产厂家 | 9 | 0.04% | | 0.00% | 3 | 0.02% | | 0.00% | 95 | 0.53% | 2 | 0.01% |
| 是否代维 | 9 | 0.04% | | 0.00% | 3 | 0.02% | | 0.00% | 64 | 0.36% | | 0.00% |
| 型号 | 9 | 0.04% | | 0.00% | 3 | 0.02% | | 0.00% | 84 | 0.47% | | 0.00% |
| 长度 | | 0.00% | | 0.00% | | 0.00% | | 0.00% | 11 | 0.06% | | 0.00% |
| 终止杆塔 | 171 | 0.77% | 132 | 1.57% | 71 | 0.53% | 719 | 4.94% | 702 | 3.93% | 37 | 0.19% |
| 导线截面 | 14 | 0.06% | 63 | 0.75% | 23 | 0.17% | 13 | 0.09% | 1290 | 7.23% | 16 | 0.08% |
| 导线类型 | 9 | 0.04% | | 0.00% | 3 | 0.02% | | 0.00% | 84 | 0.47% | | 0.00% |
| 是否农网 | 9 | 0.04% | | 0.00% | 5 | 0.04% | | 0.00% | 66 | 0.37% | | 0.00% |
| 数据完整性总计 | 21986 | 99.17% | 8195 | 97.68% | 13230 | 99.29% | 13828 | 94.98% | 16028 | 89.84% | 19051 | 99.71% |

图 2-7 10kV 导线台账数据信息缺失异动统计

**【示例 2】 输电线路导线台账关键字段信息数据错误。**

异动问题是“架空方式架空线路长度为 0 异动”。10kV 导线台账数据信息错误系统截图如图 2-8 所示。

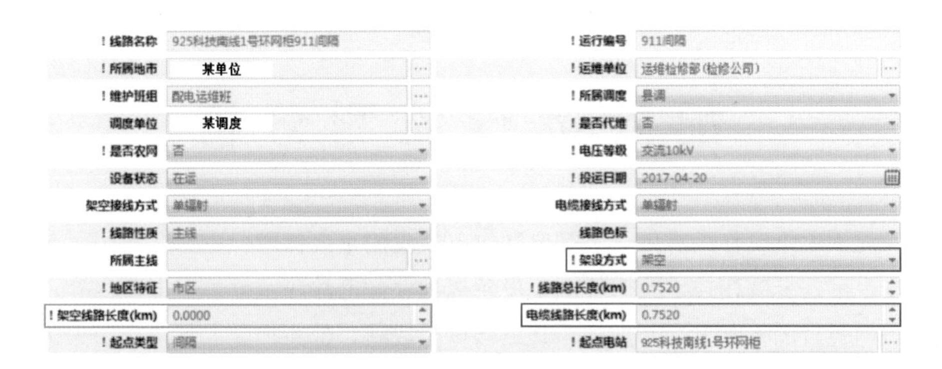


图 2-8 10kV 导线台账数据信息错误系统截图

# 配网运行监测分析

配网运维工作的有效开展是电网供电质量的重要保障，重点业务主要包含公变台区、专变用户、频繁停电、设备巡视、配网故障抢修等多方面内容。随着配网建设的不断升级和加强，其结构日趋成熟，也愈加庞大复杂，引入大数据战略，通过量价费损轻量级工具、数据核查工具、全业务数据中心及Tableau等大数据挖掘工具的深度应用与推广，优化配网运维数据模型，开展多部门协同机制，促进配网运维全业务融合、全流程贯通、全数据共享，开展数字化发展研究与实践，促进业务创新、绩效提升。

## 3.1 监测分析内容

配网运行监测业务分为公变台区、专变用户、频繁停电、配网故障抢修等四个监测主题。

公变台区监测主题包含低电压、过电压、重载、过载、三相负荷不平衡、负电流六个监测点，主要对公变台区运行状况开展监测分析，提升公变台区运行可靠性。通过提取在运公变台区电压、电流、有功功率等运行状况数据，梳理、分析所抽取的台区运行数据，进行公变台区运行状况、电能质量的异动告警和趋势分析，为供电服务质量和公配变安全稳定运行提供服务支撑。

专变用户监测主题包含失压、断流、反向有功电量、负电流、零度户、总表走字但当月未发行电量六个监测点。主要应用用电信息采集系统中专变用户计量表的电压、电流及电量数据，根据相应的异动规则对异常用电客户进行监测分析，及时下发相关异动，落实责任部门核实整改反馈，确保电量电费计收的准确性以及用电客户管理的规范性。

频繁停电监测主题包含母线停电、主线路停电、支线停电、配电变压器停电、投诉关联分析五个监测点。主要应用用电信息采集系统中母线、输电线路的关口表，公变台区的考核总表电压、电流数据，根据相应的异动规则对母线、主线路、支线、公变台区等设备的停电次数、停电时长进行监测分析，掌握设备频繁停电的次数、数量、平均停电时长、时段、间隔时间、区域分布特点规律、及时将发现的问题通知相关部门，对设备停电计划安排、合理调整用户负荷、提升设备检修工作效率、加强设备巡视等生产检修工作提供监测服务。

配网故障抢修包含配网抢修总时长、接单派工、到达现场、故障处理、工单审核、回访归档 6 个监测点。通过对故障抢修总时长监测分析，进一步查找故障抢修过程中影响时长的主要原因，不断对问题进行整改提升，逐步提升供电服务响应速度，梳理企业优质服务形象，保持良好社会效益。

配网运行监测业务主题及监测点如图 3-1。

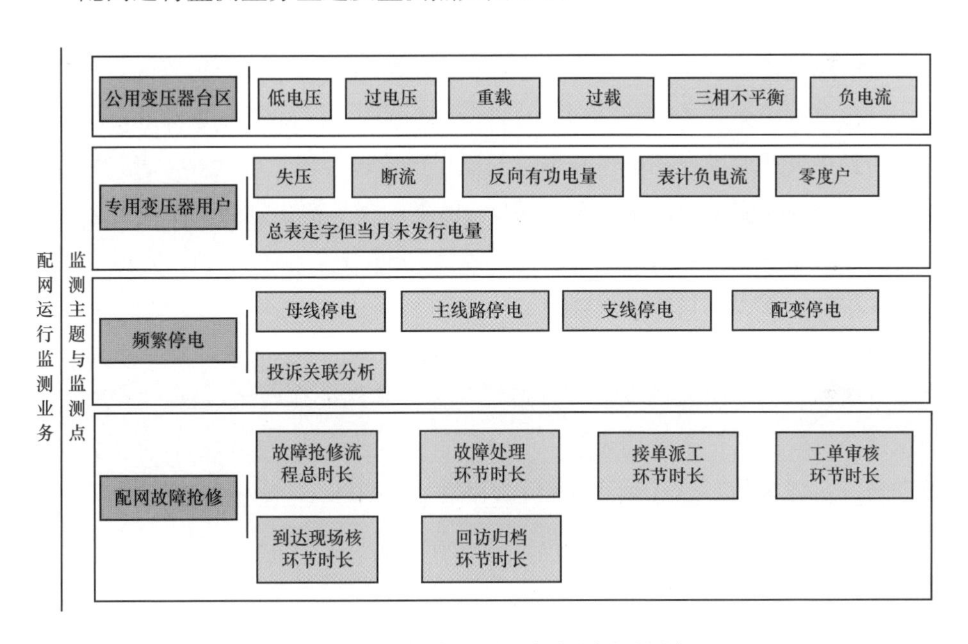


图 3-1　配网运行监测业务主题及监测点

## 3.2 监测分析方法

在明确上述所描述的监测分析内容时，在对具体业务要求不明确时，理解较为模糊，因而在对数据库、数据字典的梳理中会缺少对相关数据字段与现场实际业务的具体认识。因此对公变台区、专变台区、频繁停电、配网故障抢修等监测主题按照业务运行特点分别进行介绍。

### 3.2.1　公变台区监测分析

公变台区监测分析主题主要从公变的运行异动进行监测分析。公变的运行异动通过对公变台区电压、电流、有功功率等采集数据进行筛选、计算，形成电压异常、重过载、负电流、三相负荷不平衡四个监测点，实现对公变台区运行工况、电能质量的异动告警和趋势分析，及时堵塞公变台区“泡、冒、滴、漏”现象，为供电服务质量和公配变安全稳定运行提供服务支撑，促进各单位基础管理水平的提升。

#### 3.2.1.1　公变台区电压异常监测

现场存在部分台区规划布点不合理，台区供电半径偏大，影响台区供电电压质量，为了提升台区电压合格率，满足用电负荷对供电质量的需求，开展公变台区电压异常监测尤为必要。其中：供电电压偏差率小于－10％的台区为低电压，供电电压偏差率大于10％的台区为过电压。根据【公变台区电压异常明细表】中公变台区各相电压数据，与额定电压进行偏差率计算，若三相电压值任意一相与额定电压的偏差率连续2h小于－10％初步判定为低电压，若三相电压值任意一相与额定电压的偏差率连续2h大于10％初步判定为过电压。

#### 3.2.1.2　公变台区重过载监测

公变台区重过载监测是因季节性用电负荷、临时用电负荷接入投运不严谨，负荷突变容易引起公变台区重过载，为了确保公变台区经济、可靠运行，根据【公变台区重过载明细表】中的台区名称，在核数工具台区数据查询项中查询台区负载率值，若连续2h内负载率大于或等于80％小于100％的公网配电变压器，判断为重载；若连续两小时内负载率大于或等于100％的公网配电变压器，判断为过载。

#### 3.2.1.3　公变台区负电流监测

公变台区负电流监测是因新投运和变更台区的计量设备投运验收把关不严，公变台区考核表计、互感器接线错误时有发生，因此为了确保公变台区考核计量装置接线的准确性和可靠性特制订本监测主题。本主题监测规则根据【公变台区负电流明细表】中电流示数值，结合用采系统选择查询近几日该台区96个点的电流值，若某相电流值存在多个点为负的情况，则视为公变台区负电流异动。

#### 3.2.1.4　公变台区三相负荷不平衡监测

公变台区三相负荷不平衡监测是因台区低压报装负荷接入不均匀，部分台区存在单相供电情况，容易出现三相负荷不平衡导致台区电压异常，影响台区电能质量。为了避免三相负荷分布不均匀产生不平衡电压，引起电压偏移，所以根据【公变台区三相不平衡明细表】中各台区三相电流值，统计台区的三相不平衡度，一般变压器的三相负荷应力求平衡，不平衡度不应大于15%，只带少量单相负荷的三相变压器，中性线电流不应超过额定电流的25%，不符合上述规定时，应及时调整负荷。本主题监测结合公司管理现状，若100kVA及以下公变台区三相不平衡率大于60%，100～500kVA公变台区三相不平衡率大于40%，500kVA及以上台区三相不平衡率大于30%，则视为公变台区三相负荷不平衡（可根据需要自行调整不平衡率阈值）。

### 3.2.2 专变用户监测分析

专变用户监测是应用用电信息采集系统中专变用户计量表的电压、电流及电量数据，根据相应的异动规则对失压、断流、反向有功电量、表计负电流、零度户、总表走字但当月未发行电量等异常专变用户进行监测分析，及时将发现的异动通知相关部门，对存在的问题进行处理，及时追补电量、电费，有效堵塞公司运营生产中的“跑、冒、滴、漏”现象。

#### 3.2.2.1 失压异动监测

通过“数据核查工具→数据钻取分析→业务查询→表计失压→台区类型选为专变→导出【专变表计失压异动明细表】”，用于专变用户表计失压异常监测分析。

专变用户计量表计存在电压进线松动，表计故障等情况，容易导致电压异常，为了规范计量设备安装工艺，确保计量采集准确无误开展该项主题监测。通过导出的【专变表计失压异动明细表】进行异动判别与核实，若计量点接线方式为三相三线时，A、C相任意一相低于额定电压的80%，视为异动；若计量点接线方式为三相四线时，A、B、C三相中任意一相或两相电压小于额定电压的80%，视为异动。其中符合上述条件之一的专变用户判定为失压异动，如表3-1所示。

表3-1 失压异动判定条件表

| 接线方式 | A相额定电压（V） | B相额定电压（V） | C相额定电压（V） | 失压异动判定条件 |
|---|---|---|---|---|
| 三相三线（高供高计） | 100 | 0 | 100 | A、C相有一相电压低于80V |
| 三相四线（高供低计） | 220 | 220 | 220 | A、B、C相有一相或两相电压低于176V |
| 三相四线（高供高计） | 57.7 | 57.7 | 57.7 | A、B、C相有一相或两相电压低于46.2V |

#### 3.2.2.2 断流异动监测

通过“数据核查工具→数据钻取分析→业务查询→表计断流→台区类型选为专变→导出【专变表计断流异动明细表】”，用于专变用户表计断流异常监测分析。

专变用户表计在安装和运维过程中存在电流互感器极性接反、电流接线松动、互感器故障等导致表计断流的异动情况，为了规避计量差错，提升计量管理水平，有效挽回经济损失特开展该项监测主题。通过导出的【专变表计断流异动明细表】进行异动判别，若计量点接线方式为三相三线时，A、C两相中有一相电流大于0.5A，另一相小于0.015A，即视为异动；若计量点接线方式为三相四线时，A、B、C三相中有一相或两相电流大于0.5A，其他相电流小于0.015A，即视为异动。其中，符合上述条件之一的专变用户判定为断流异动。断流异动判定条件如表3-2所示。

表3-2　断流异动判定条件表

| 接线方式 | A相 | B相 | C相 | 断流异动判定条件 |
| --- | --- | --- | --- | --- |
| 三相三线（高供高计） | $I_{max}=5A$ | 0 | $I_{max}=5A$ | A、C两相中有一相电流大于0.5A，另一相小于0.015A |
| 三相四线（高供低计） | 有电流 | 有电流 | 有电流 | A、B、C三相中有一相或两相电流大于0.5A，其他相电流小于0.015A |

#### 3.2.2.3 反向有功电量异动监测

通过“数据核查工具→数据钻取分析→业务查询→专变反向有功电量→导出【专变反向有功电量异动明细表】”，用于专变用户反向有功电量异常监测分析。

在日常装表接电和采集运维过程中，由于表计接线错误或存在新能源负荷，导致反向有功表码走字，为了正确梳理负荷性质及异动原因，有效规避反向有功电量异动产生，重点开展反向有功电量监测分析。通过导出的【专变反向有功电量异动明细表】选取某月全量数据，利用反向有功总止码与反向有功总起码差值进行异动研判，若差值大于1，判定为反向有功电量异动。

#### 3.2.2.4 表计负电流异动监测

通过“数据核查工具→数据钻取分析→业务查询→台区负电流→台区类型选为专变→导出【专变台区负电流异动明细表】”，用于专变用户台区负电流异常监测分析。

在日常的计量设备监测分析过程中发现存在表计电流为负的异常现象，表计负电流主要影响电量计量的准确性，为了避免电量计量错误，有效挽回经济损失，结合用电信息采集系统开展表计负电流监测。通过导出的【专变台区负电流异动明细表】选取专变用户连续一个月时间内每一相的电流值，计算其平均值，若A、B、C三相任一相或两相电流平均值为负，同时正向电流任意相的一次侧平均值大于2A，则视为异动。

#### 3.2.2.5 零度户异动监测

通过“数据核查工具→数据钻取分析→业务查询→零度户→导出【零度户异动明细表】”，用于零度户异常监测分析。

在每月的电量发行过程中由于采集异常、抄表管理不到位、电费异常等原因导致大量零度户产生，通过导出的【零度户异动明细表】筛选关键字段进行零度户异动监测，若表计电量为零，任一相电流值大于0.015A，即视为异动；针对费控表，若电表走字，且用户两年以上未购电，即视为零度户异动。

#### 3.2.2.6 总表走字但当月未发行电量异常监测

通过“数据核查工具→数据钻取分析→业务查询→总表走字但当月未发行电量→导出【总表走字但当月未发行电量异动明细表】”，用于专变及低压用户总表走字但当月未发行电量异常监测分析。

在日常抄表过程中，存在采集异常、漏抄、未按冻结表码发行电量等异常情况，通过用电信息采集系统查看每日表码发现表码走字，而当月发行电量为空或零，导致总表结余电量，严重影响电量统计，加大电费风险。总表走字但当月未发行电量异常监测主要比对用采系统和营销系统表计电流及电量发行情况，若选取时间范围内表计电流平均值大于0，即表码走字，而当月发行电量为空或零，则视为异动。

需要注意的是：

（1）本监测可以按周、月度进行监测；

（2）用户存在窃电、计量设备故障、接线异常等原因导致表计失压、断流异动，该类异动会涉及电量、电费的追补；

（3）由于业务档案不一致、采集错误、单相用户使用三相表计等异常现象，会造成表计断流异动；

（4）用户窃电、计量设备故障、接线异常等原因会导致反向电量、负电流、零度户异动。该类异动会涉及电量、电费的追补；

（5）用户为光伏发电上网用户、容性负荷、采集错误等原因导致的反向电量、负电流、零度户异动不涉及电量、电费的追补；

（6）存在个别电动机、电梯、石油抽油机、小电量无功过补等情况会导致反向有功走字。

### 3.2.3 频繁停电监测分析

为进一步提升主、配网运行监测能力，支撑各级领导决策及相关业务部门的管理活动，开展主、配网停电监测分析业务。通过获取主配网计划停电执行情况、线路故障停电、台区停电等异动明细信息，并关联投诉工单开展监测分析，查找主、配网运维中的薄弱环节，有针对性地制定防范措施，提升电网运维质量，提高供电可靠性。

《供电营业规则》第五十七条：供用电设备计划检修时，对35千伏及以上电压供电的用户的停电次数，每年不应超过一次；对10千伏供电的用户，每年不应超过三次。

《国家电网公司电力可靠性工作管理办法》第十条：运检部门应加强综合检修计划和停电计划管理，完善设备检修工时定额；应大力开展状态检修和不停电作业，提高设备可靠性水平。

《国家电网公司95598客户服务业务管理办法》第三十一条：计划检修停电应提前8天，临时性日前停电应提前24小时，其他临时停电应提前1小时完成停送电信息报送工作。

#### 3.2.3.1 母线停电监测

通过“核查工具→数据钻取分析→配网运行业务监测→频繁停电监测→变电站停电事件统计查询”功能项，选定一个周期分别导出【关口表电压明细表】，用以监测母线、主线路停电事件。

通过导出的【关口表电压明细表】数据，同时结合线路关口表电压、电流情况关联分析，若关口表在监测时间（暂定为30min）范围内A、B、C三相电压均为空或0，初步判定为母线停电。

#### 3.2.3.2 主线路停电监测

通过“核查工具→数据钻取分析→配网运行业务监测→频繁停电监测→公变台区停电事件统计查询”功能项，选定一个周期分别导出【公变台区停电事件明细表】，用以监测主线路、支线、公变台区停电事件。

通过导出的【公变台区停电事件明细表】数据，同一时间内（连续120min）台区停电数量达到该线路所带台区总数量的50%，即判定为主干线停电，监测月周期内线路停电次数不少于 2 次，初步判定为主干线频繁停电。

#### 3.2.3.3 支线停电监测

通过导出的【公变台区停电事件明细表】数据，同一时间内台区停电数量低于该线路所带台区总数量的 50%，且至少 2 个及以上台区同时停电，结合该线路走径图分析，如停电台区同属一个分支线，即判定为分支线停电，监测周期内分支线停电次数不少于 2 次，初步判定为分支线频繁停电。

#### 3.2.3.4 公变台区停电监测

通过导出的【公变台区停电事件明细表】数据，在监测时间（暂定为 120min）范围内公变台区的考核总表 A、B、C 三相电压均为空或 0，初步判定为公变台区停电事件，在一个监测周期内出现 2 次及以上停电事件即判定为台区频繁停电。

#### 3.2.3.5 台区停电与投诉工单关联监测

通过“核查工具→数据钻取分析→配网运行业务监测→频繁停电监测→停电事件投诉工单查询”功能项，选定一个周期分别导出【停电事件投诉工单明细表】，进行停电事件与投诉事件的关联分析。

通过导出的【停电事件投诉工单明细表】，关联监测每周期台区停电数据与停电类投诉数据分布情况，并按清单进行根因分析，挖掘投诉原因，具体分析是否频繁停电、停电未公告、延迟送电等原因导致的投诉。

需要注意的是：

（1）本监测可以按周、月度进行监测。

（2）用电采集系统中经常会出现数据缺失的情况，会造成设备停电信息不准确。

（3）表计时钟与主站时钟出现时间不一致，也会造成设备停电信息不准确。

（4）报修、投诉工单，因带有很大的主观性，不能完全反应设备停电的真实性，需要业务人员进一步核实。

（5）公变台区设备档案维护错误，导致个别线路所带台区实际未停电，存在台区、线路挂接关系错误。

（6）电网改造工程持续时间长、安排不集中导致台区停电数量较多。

（7）存在个别供电所对台区随意停电开展工作的情况，导致停电原因即非计划停电也非故障停电，停电原因不明。

### 3.2.4 配网故障抢修监测分析

配网故障抢修监测分析主题主要以配网抢修流程总时长、接单派工、到达现场、故障处理、工单审核、回访归档 6 个主要环节时长为监测分析点。通过监测分析故障抢修各环节用时，将其与规定时长、平均时长偏差对比分析，从而掌握制度执行情况和环节时长分布、结构及变化趋势，为进一步提升服务响应速度，梳理企业优质服务形象，保持良好社会效益提供保障。

#### 3.2.4.1 流程总时长监测

通过对故障抢修总时长监测分析，进一步查找故障抢修过程中影响时长的主要原因，不断对问题进行整改提升，逐步提升供电服务响应速度，梳理企业优质服务形象，保持良好社会效益。具体监测方法为：通过“数据分析平台→数据门户→营销业务系统-业务分析监测场景→供电服务→故障处理流程总时长监测”功能项，导出【故障处理流程总时长工单明细】。以客服中心接收客户故障报修时间到完成抢修工单回访归档的时间监测分析。

#### 3.2.4.2 接单派工环节时长监测

通过对接单派工环节时长监测，进一步分析地市客户服务中心在派单工作中存在的问题，抢修人员在接单中存在的问题，逐步加强地市客户服务管理工作，进一步规范接单管理工作。具体监测方法为：通过“数据分析平台→数据门户→营销业务系统-业务分析监测场景→供电服务→接单派工环节超时监测”功能项，导出【接单派工环节超时工单明细】。异动规则从市县抢修指挥班接收故障报修工单到向抢修班组派发工单时间的规定时长是 3min。

#### 3.2.4.3 到达现场环节时长监测

通过对到达现场环节时限监测分析，查找故障处理人员配备、值班、备品备件方面存在的问题，逐步规范故障处理管理机制和及时响应效率。具体监测方法为：通过“数据分析平台→数据门户→营销业务系统-业务分析监测场景→供电服务→到达现场环节超时监测”功能项，导出【到达现场环节超时工单明细】。异动规则从国网客服中心接收客户故障报修完毕到抢修班组到达现场时间的规定时长：城区范围 45min，农村地区 90min，特殊边远地区 120min。

#### 3.2.4.4 故障处理环节时长监测

通过对故障处理环节监测，重点造成故障的原因，为进一步加强配网改造提供借鉴，同时可分析故障处理人员或部门之间对配网故障抢修工作之间的协调机制。具体方法为：通过“数据分析平台→数据门户→营销业务系统-业务分析监测场景→供电服务→故障处理环节时长监测”功能项，导出【故障处理环节时长工单明细】。

#### 3.2.4.5 工单审核环节时长监测

通过对工单审核环节时长监测，能有效分析故障处理效果及地市客户服务中心在派单工作中存在的问题，逐步提升故障抢修服务人员业务技能，同时加强地市客户服务管理工作。具体方法为：通过“数据分析平台→数据门户→营销业务系统-业务分析监测场景→供电服务→工单审核环节时长监测”功能项，导出【工单审核环节时长工单明细】。异动规则从市县抢修指挥人员接收抢修班组回复工单到审核结束时间的规定时长30min。

#### 3.2.4.6 回访归档环节时长监测

通过对回访归档环节时长监测，进一步分析地市客户服务中心工作中存在的问题，及抢修人员在故障处理过程中的服务形象，提升优质服务管理。具体监测方法为：通过“数据分析平台→数据门户→营销业务系统-业务分析监测场景→供电服务→故障回访归档环节时长监测”功能项，导出【故障回访归档环节时长工单明细】。异动监测从国网客户中心接收市县抢修指挥班的回复工单到回访客户后完成归档时间的规定时长1天。

## 3.3 大数据分析应用

基于大数据的分析方法为企业查漏补缺提供技术支持。基于大数据的分析思路，将多个业务的数据进行关联，不仅有助于对单项业务数据的真实性的辨识，而且可以提高业务管理、整改措施制定的针对性，及时缩小排查范围，以问题为导向，为辨识业务风险提供有力的支撑。

### 3.3.1 公变台区监测趋势分析

在公变台区监测业务长期开展以来，通过数据比对分析，能比较容易发现异常区域情况，从而进一步锁定具体的异动发生源头。

趋势分析规则：公变台区监测可按2种维度、4种量度对本周或当月数据进行趋势分析，研判台区运行工况变化趋势。趋势分析数据分别来源于【公变台区电压异常明细表】【公变台区重过载明细表】【公变台区负电流明细表】【公变台区三相不平衡明细表】。

维度：供电单位、日期。

量度：台区数量、负载率、三相负荷不平衡度、异常占比。

通过趋势图可直观地显示出各单位公变台区运维情况和电压异常对各单位公变台区电压指标的影响，督促业务部门（基层单位）扎实开展公变台区治理工作。如图 3-2 所示，采用 1 个维度（供电单位）、2 个量度（台区数量、电压异常台区占比），展示各单位运维公变台区数量与电压异常台区分布情况。从图中很容易看出，××2 供电公司运维公变台区最少，仅 1200 台，电压异常台区占比达到 6.90%，此公司须着重加强公变台区电压异常治理工作，提高用户用电质量。

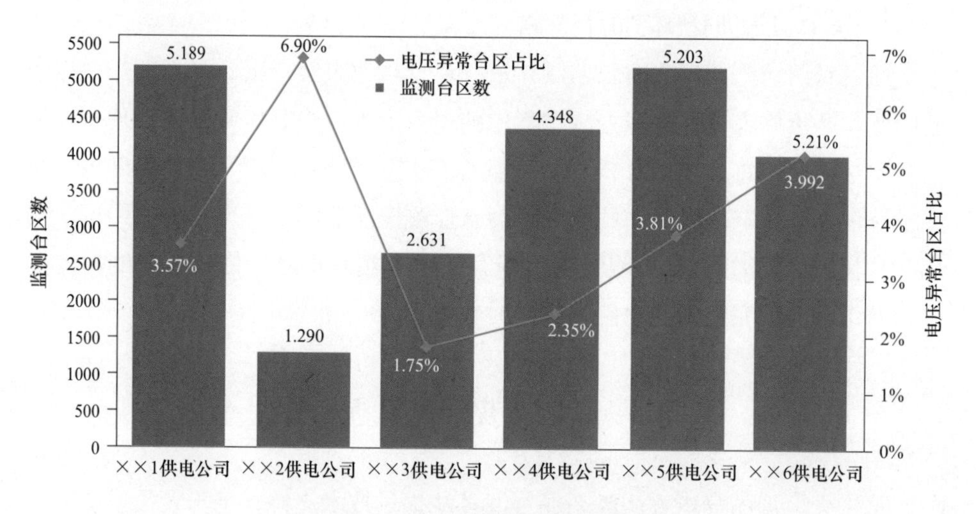


图 3-2　电压异常台区分布图

当然，通过趋势图也可对比各供电所公变台区运维情况和三相负荷不平衡对各供电所公变台区三相不平衡指标的影响，从而督促业务基层单位（供电所）开展三相不平衡治理及负荷分配工作。如图 3-3 所示，采用 2 个维度（供电所、日期）、1 个量度（台区三相不平衡度均值），展示各供电所管辖公变台区在一定时期内的平均三相不平衡度。从图中可以看出，××2 供电所运维公变台区三相不平衡度在 6 月 1 日至 15 日期间，均在 72%以上，负荷无明显增减变化，因此可安排进检修计划中实施负荷重新分配工作。

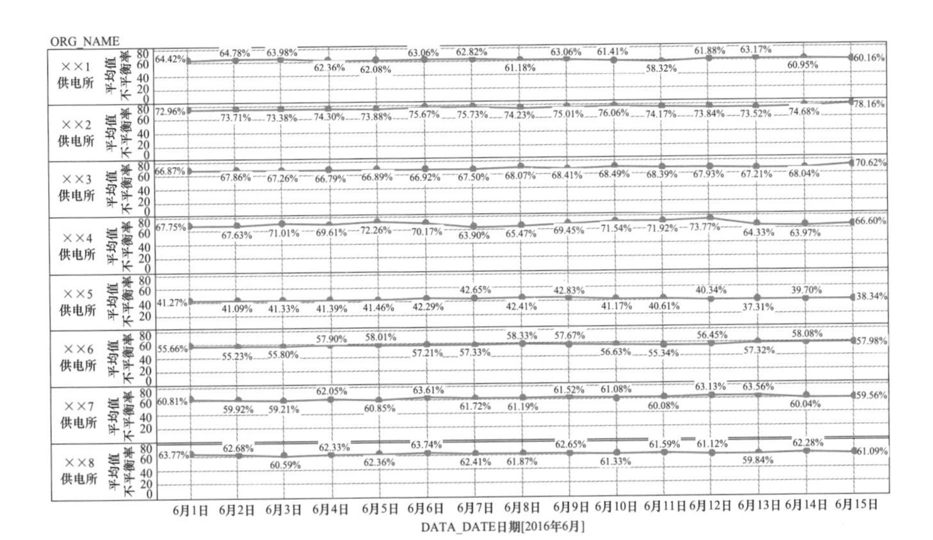


图 3-3　各供电所台区三相不平衡度分布图

### 3.3.2　专变用户监测趋势分析

专变用户监测可按 2 种维度、5 种量度对一定时间内数据进行趋势分析，掌握专变用户的用电变化趋势及异动占比情况。分析数据来源于【专变用户表计失压异动明细表】【专变用户表计断流异动明细表】【专变用户表计反向电量异动明细表】【专变用户表计负电流异动明细表】【专变零度户异动明细表】。

维度：①“地市公司”取自“所在地市单位”列；②“区县公司”取自“所在区县单位”列。

量度：“专变异动数量”取自按所在地市公司异动汇总数量，共计 5 类异动。

图 3-4 以 1 个维度（供电单位），5 个量度（专变用户表计失压、断流、负电流、零度户、反向电量），显示了专变用户表计异常分布情况。

图 3-5 以 1 个维度（供电单位），2 个量度（专变用户表计断流数量和占比情况），显示了专变用户表计断流分布趋势及占比情况。

图 3-6 以 1 个维度（供电单位），2 个量度（专变用户负电流户数和占比情况），显示了专变用户负电流分布趋势及占比情况。

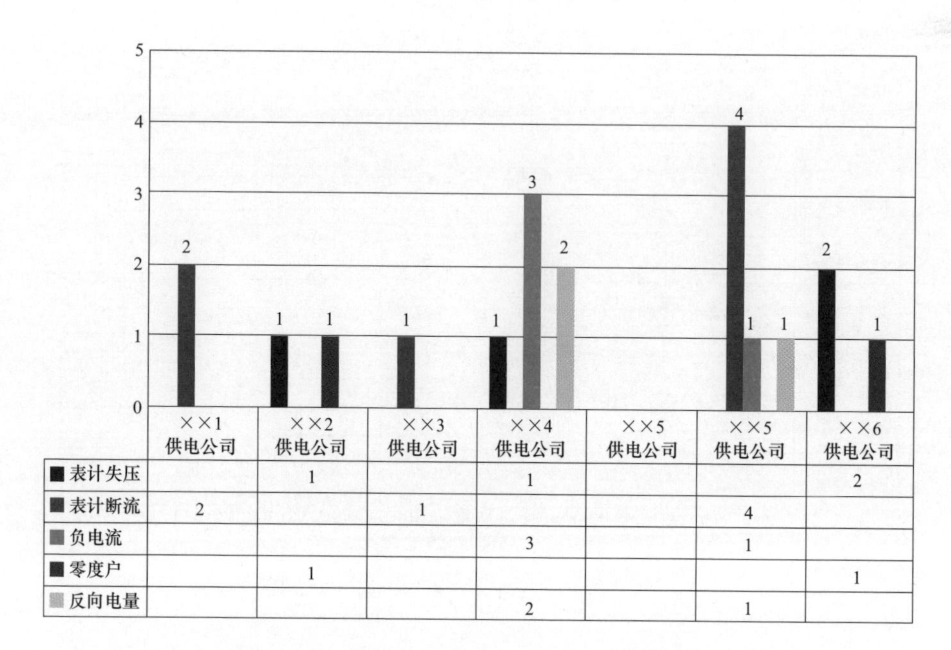


| | ××1供电公司 | ××2供电公司 | ××3供电公司 | ××4供电公司 | ××5供电公司 | ××5供电公司 | ××6供电公司 |
|---|---|---|---|---|---|---|---|
| 表计失压 | | 1 | | 1 | | | 2 |
| 表计断流 | 2 | | 1 | | | 4 | |
| 负电流 | | | | 3 | | 1 | |
| 零度户 | | 1 | | | | | 1 |
| 反向电量 | | | | 2 | | 1 | |

图 3-4　各单位专变用户表计异常分布情况

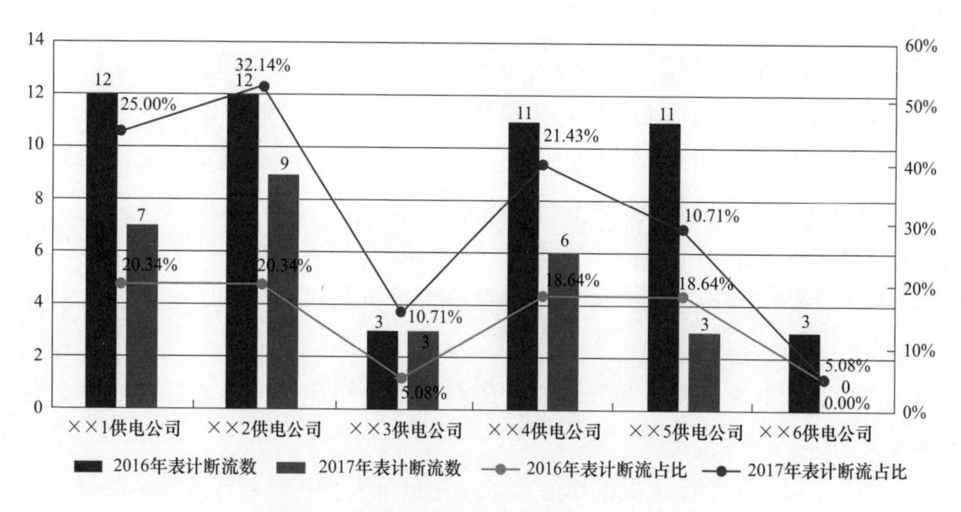


图 3-5　各单位专变用户表计断流分布情况

### 3.3.3　频繁停电监测趋势分析

频繁停电监测可按 4 种维度、2 种量度对本周或当月数据进行趋势分析，分析研判停电设备的电压、电流变化趋势。趋势监测数据分别来源于【关口停电事件明细表】【公变台区停电事件明细表】。

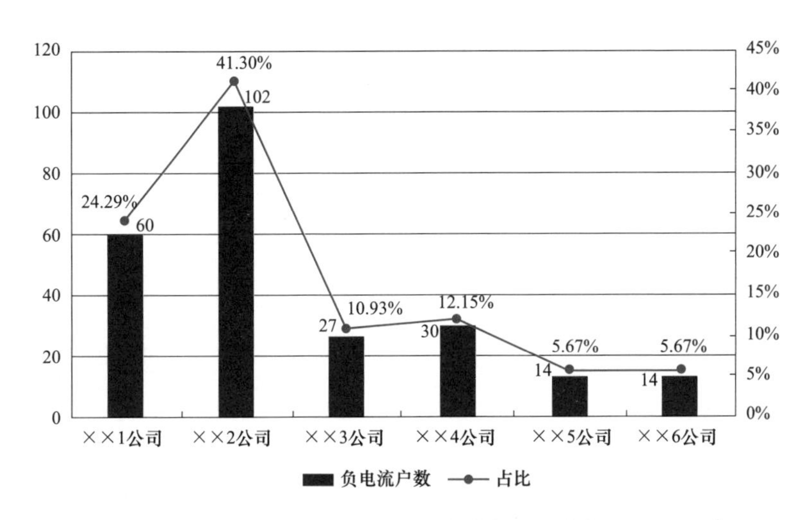


图 3-6　专变用户负电流分单位异动分布图

维度：①“地市公司”取自“所在地市单位”列；②“区县公司”取自“所在区县单位”列；③“供电线路”取自“线路名称”列；④“变电站名称”取自“所在变电站”列。

量度：①“设备数量”取自各维度下设备数量汇总值；②“停电时间”取自“停电时长（分钟）”列。

设备停电时间趋势分析：反应各维度下的设备停电开始时间、设备复电时间及其对应的时间点下的电压、电流变化趋势。

图 3-7 是以 2 个维度（主变压器名称、输电线路名称），1 个量度（停电时间），展示变电站内设备的停、送电情况及停电时长。

### 3.3.4　配网故障抢修监测趋势分析

根据多年来不断开展的配网故障抢修监测趋势分析工作成果，发现并总结出按照不同维度、量度对故障抢修、故障报修、接单派工、到达现场故障处理等环节的趋势分析，下文对每一部分按照趋势分析规则分别阐述。

故障抢修监测趋势分析：可按 2 种维度、2 种量度对数据进行趋势分析，分析研判故障抢修分布趋势。趋势监测数据分别来源于【故障处理流程总时长工单明细】表。

趋势分析规则：

维度：供电单位、故障类型。

量度：故障工单数、故障工单占比。

301主变压器
UA 100 0
104.9 104.7 104.7 105.3 104.3 104.6 104.8 104.7 103.0 4.40 0.0 0.0 0.0 0.0 0.0 0.0 0.0 0.0 0.0 0.0 0.0 0.0 0.0 0.0 0.0 0.0 0.0 0.0 0.0 0.0 0.0 0.0 0.0 0.0 0.0 0.0 0.0 0.0 0.0 0.0 0.0 0.0 0.0 0.0 4.2 106.1 105.5 104.3 104.3 104.3 104.4 104.4 104.1
采集日期：2016-08-03 15：15：00
采集日期：2016-08-04 1：30：00
UC 100 0
105.7 105.6 105.1 105.1 105.2 105.6 105.0 105.1 5.0 0.0 0.0 0.0 0.0 0.0 0.0 0.0 0.0 0.0 0.0 0.0 0.0 0.0 0.0 0.0 0.0 0.0 0.0 0.0 0.0 0.0 0.0 0.0 0.0 0.0 0.0 0.0 0.0 0.0 0.0 0.0 0.0 0.0 0.0 0.0 0.0 4.9 106.4 106.6 106.6 106.5 106.0 106.1 104.9 104.6
IA 1 0
1.220 1.220 1.250 1.500 1.330 1.300 1.310 1.330 0.130 0.000 0.000 0.000 0.000 0.000 0.000 0.000 0.000 0.000 0.000 0.000 0.000 0.000 0.000 0.000 0.000 0.000 0.000 0.000 0.000 0.420 0.500 0.920 0.950 1.080 1.090 0.900 0.890 0.900 0.910 0.920
IC 1 0
1.270 1.280 1.340 1.590 1.470 1.380 1.360 1.380 0.120 0.000 0.000 0.000 0.000 0.000 0.000 0.000 0.000 0.000 0.000 0.000 0.000 0.000 0.000 0.000 0.000 0.000 0.000 0.440 0.530 0.960 1.010 1.150 0.970 0.930 0.940 0.940 0.960

××1线
UA 100 0
104.8 104.7 104.2 104.3 104.4 104.7 104.7 103.1 4.4 0.0 0.0 0.0 0.0 0.0 0.0 0.0 0.0 0.0 0.0 0.0 0.0 0.0 0.0 0.0 0.0 0.0 0.0 0.0 0.0 0.0 0.0 0.0 0.0 0.0 0.0 0.0 0.0 0.0 0.0 4.2 106.1 105.6 104.1 104.4 104.2 104.5 104.2
UC 100 0
104.9 105.6 105.1 105.0 105.1 105.2 105.8 105.0 103.5 5.0 0.0 0.00 0.00 0.00 0.00 0.00 0.00 0.00 0.00 0.00 0.00 0.00 0.00 0.00 0.00 0.00 0.00 0.00 0.00 0.00 0.00 0.00 0.00 0.00 0.00 0.00 0.00 4.9 106.4 105.6 105.2 105.1 104.9 105.3 104.9 104.6
IA 1 0
0.010 0.010 0.010 0.010 0.010 0.010 0.010 0.010 0.00 0.00 0.00 0.00 0.00 0.00 0.00 0.00 0.00 0.00 0.00 0.00 0.00 0.00 0.00 0.00 0.00 0.00 0.00 0.00 0.00 0.00 0.00 0.00 0.00 0.00 0.00 0.00 0.00 0.00 0.00 0.010
IC 1 0
-0.010 -0.010 -0.010 -0.010 -0.010 -0.010 -0.010 -0.010 0.000 0.000 0.000 0.000 0.000 0.000 0.000 0.000 0.000 0.000 0.000 0.000 0.000 0.000 0.000 0.000 0.000 0.000 0.000 0.000 0.000 0.000 0.000 0.000 0.000 0.000 0.000 0.010

××2线
UA 100 0
104.8 104.7 104.7 105.3 103.1 104.4 104.8 104.7 103.2 4.4 0.0 0.0 0.0 0.0 0.0 0.0 0.0 0.0 0.0 0.0 0.0 0.0 0.0 0.0 0.0 0.0 0.0 0.0 0.0 0.0 0.0 0.0 0.0 0.0 0.0 0.0 0.0 0.0 0.0 0.0 4.2 106.2 105.6 104.1 104.4 104.2 104.2 104.5 104.1
UC 100 0
105.0 105.7 105.5 105.1 105.1 105.1 105.9 105.1 103.4 5.0 0.0 0.00 0.00 0.00 0.00 0.00 0.00 0.00 0.00 0.00 0.00 0.00 0.00 0.00 0.00 0.00 0.00 0.00 0.00 0.00 0.00 0.00 0.00 0.00 4.9 106.5 105.6 105.0 105.1 104.1 104.3 104.8
IA 1 0
-0.300 -0.300 -0.300 -0.380 -0.370 -0.320 -0.330 0.000 0.000 0.000 0.000 0.000 0.000 0.000 0.000 0.000 0.000 0.000 0.000 0.000 0.000 0.000 0.000 0.000 0.000 0.000 0.110 -0.240 -0.260 -0.220 -0.220
IC 1 0
-0.310 -0.310 -0.400 -0.390 -0.340 -0.340 0.000 0.000 0.000 0.000 0.000 0.000 0.000 0.000 0.000 0.000 0.000 0.000 0.000 0.000 0.000 0.000 0.000 0.000 0.000 0.000 0.000 0.000 0.120 -0.250 -0.280 -0.230 -0.230 -0.240

501主变压器
UA 100 0
103.4 103.3 103.3 103.4 102.7 103.1 103.3 103.2 104.9 0.0 0.0 0.0 0.0 0.0 0.0 0.0 0.0 0.0 0.0 0.0 0.0 0.0 0.0 0.0 0.0 0.0 0.0 0.0 0.0 0.0 0.0 0.0 0.0 0.0 0.0 0.0 105.1 104.1 103.4 103.0 103.2 104.0 104.0 103.3
UC 100 0
103.5 103.1 103.2 102.5 103.2 103.7 103.3 0.0 0.0 0.0 0.0 0.0 0.0 0.0 0.0 0.0 0.0 0.0 0.0 0.0 0.0 0.0 0.0 0.0 0.0 0.0 0.0 0.0 0.0 0.0 0.0 0.0 0.0 0.0 0.0 0.0 0.0 0.0 104.7 104.6 103.2 103.1 103.1 104.2 104.1 103.8
IA 1 0
1.260 1.280 1.370 1.590 1.330 1.350 1.360 1.380 0.130 0.000 0.000 0.000 0.000 0.000 0.000 0.000 0.000 0.000 0.000 0.000 0.000 0.000 0.000 0.000 0.000 0.000 0.000 0.000 0.420 0.500 0.970 0.990 1.130 0.940 0.940 0.940 0.950
IC 1 0
1.300 1.320 1.390 1.610 1.450 1.430 1.400 1.420 0.130 0.000 0.000 0.000 0.000 0.000 0.000 0.000 0.000 0.000 0.000 0.000 0.000 0.000 0.000 0.000 0.000 0.000 0.460 0.550 1.000 1.050 1.160 0.970 0.960 0.970 0.990 1.010

8月3日下午1　8月3日下午4　8月3日下午7　8月3日下午10　8月4日上午1　8月4日上午4
采集日期[2016年8月]

图 3-7　设备停电时间趋势分布图

通过趋势图可直观的显示出各单位设备、用户设备发生故障数量及各单位故障抢修工作量，督促各单位加强小微现场安全管控及提高优质服务工作，降低投诉事件的发生。

如图 3-8 所示，采用 1 个维度（供电单位），2 个量度（故障工单数、故障工单占比），展示各单位的设备及用户设备故障数量和故障抢修派工量，与公

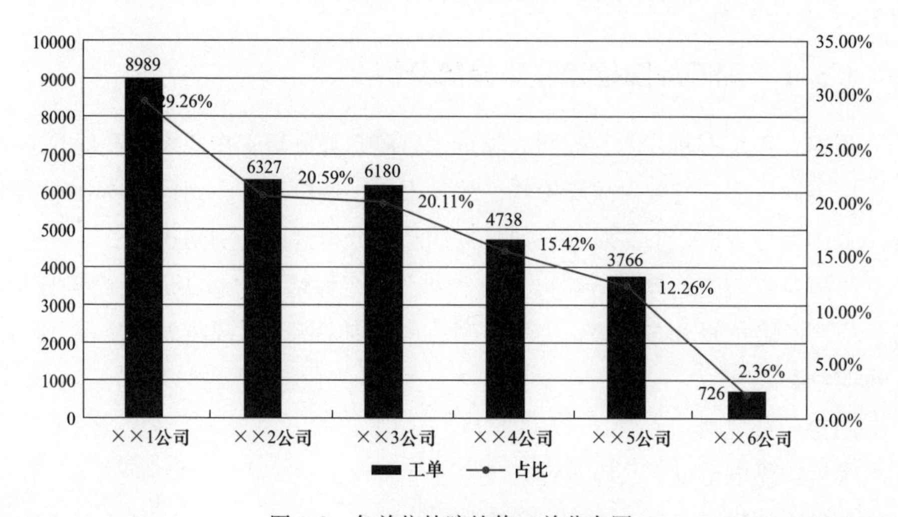


图 3-8　各单位故障抢修工单分布图

司故障抢修分布情况。从图中很容易看出，某省公司共受理配网故障抢修业务30726件，其中××1公司最多8989件，占比29.26%；××2公司6327件，占比20.59%；××3公司6180件，占比20.11%；××4公司4738件，占比15.42%；××5公司3766件，占比12.26%；××6公司最少726件，占比2.36%。

如图3-9所示，采用1个维度（故障报修类型），2个量度（故障工单数、故障工单占比），展示各单位故障抢修派工量与故障点的分布情况。从图中很容易看出，受理故障抢修业务中，主要为客户内部故障和低压故障。其中客户内部故障14579件，占比47.45%；低压故障11710件，占比38.11%；计量故障2759件，占比8.98%；非电力故障951件，占比3.10%；高压故障601件，占比1.96%；电能质量故障126件，占比0.41%。

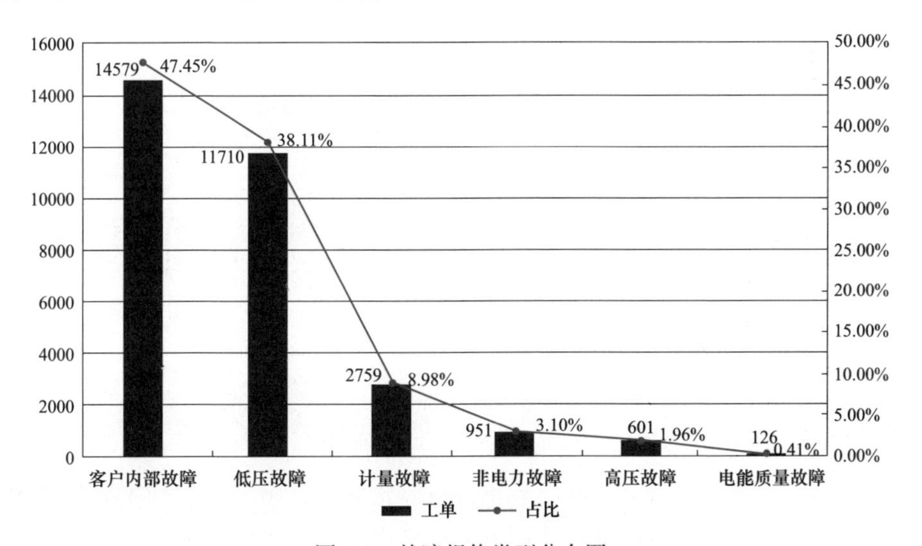


图3-9　故障报修类型分布图

接单派工环节时长监测趋势分析：可按1种维度、2种量度对一定时间内数据进行趋势分析，掌握接单派工环节超时工单的分布趋势，分析数据来源于【接单派工环节超时工单明细】。

维度：供电单位。

量度：接单派工超时工单数、工单数占比。

通过趋势图可直观的显示出各单位故障抢修工作量及异常情况，督促各单位加强故障抢修准备及管控，降低投诉事件的发生。

从图3-10可以获得以下信息，某省公司在配网故障抢修中接单派工环节超时161件，其中××1公司77件，占比47.82%；××2公司63件，占比

39.13%；××3 公司 8 件，占比 4.97%；××4 公司 7 件，占比 4.35%；××5 公司 5 件，占比 3.11%；××6 公司 1 件，占比 0.62%。因此，需进一步对××1 和××2 公司加强配网故障抢修管理及提高此公司抢修服务工作的承载能力。

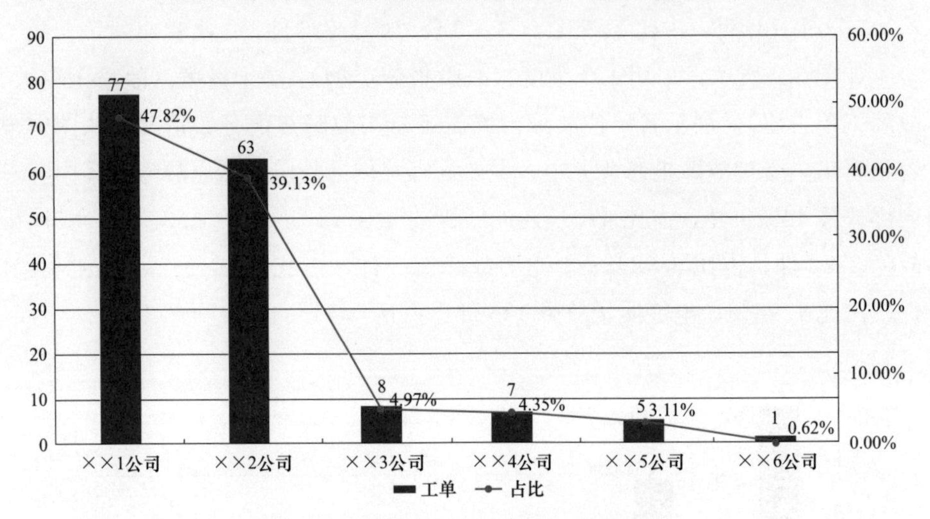


图 3-10　接单派工环节超时工单分布图

到达现场环节时长监测趋势分析：可按 3 种维度、2 种量度对一定周期内数据进行趋势分析，掌握到达现场超时工单分布趋势，分析数据来源于【到达现场环节超时工单明细】。

维度：供电单位、城乡类别、到达时间。

量度：到达现场环节超时工单数、工单数占比。

通过趋势图可直观地显示出各单位故障抢修工作量及出现的不到位情况，督促各单位加强故障抢修抵达现场要求及管控，降低投诉事件的发生。

如图 3-11 所示，某省公司在配网故障抢修中，到达现场环节超时工单共 30 件，其中××1 公司 17 件，占比 56.67%；××2 公司 6 件，占比 20%；××3 公司 4 件，占比 13.33%；××4、××5、××6 公司均为 1 件，占比 3.33%。

故障处理环节时长监测趋势分析：可按 2 种维度、2 种量度对一定周期内数据进行趋势分析，掌握处理超时工单分布趋势。分析数据来源于【故障处理环节时长工单明细】。

维度：供电单位、处理时长。

量度：工单处理环节超时工单数、工单数占比。

通过趋势图可直观地显示出各单位故障抢修工作用时情况，督促各单位对处理超长的事件加以聚类分析，加强工作创新，缩短故障抢修时间。

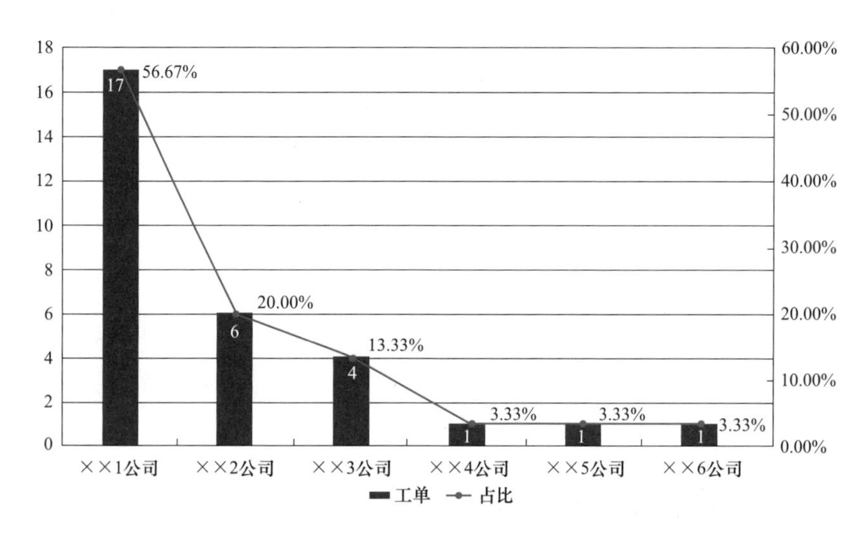


图 3-11 到达现场环节超时分布图

从图 3-12 中较容易地获得某省公司配网故障抢修工单的平均处理时长，为 22.6min。处理时长具体分布情况如图 3-12 所示，小于平均处理时长的工单 1367 件，处理时长在 30～60min 内共 6886 件、60～90min 内共 5225 件、90～150min 内共 5337 件、150～180min 内共 1496 件、180～500min 内共 5246 件、500～1000min 内 2908 件、大于 1000min 的有 891 件。

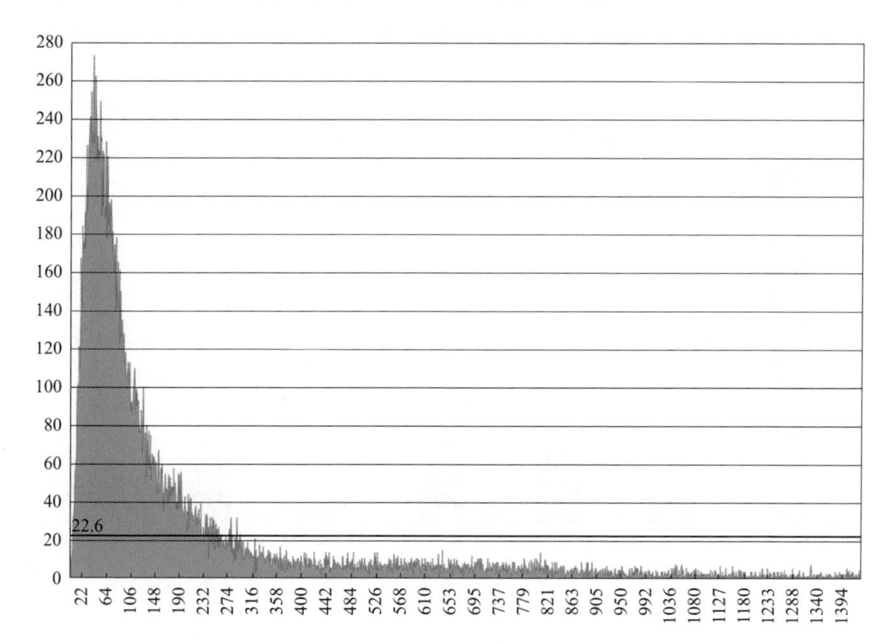


图 3-12 工单处理市场分布图

## 3.4 监 测 分 析 实 例

大数据分析与计算机技术在供电企业精益化管理中已经得到广泛的应用，并建立了各业务的监测分析系统，初步形成了以营销、用采系统为主、生产系统、自动化系统现结合的综合性分析思路，建立起了以数据监测为基础，分析配网运行各主题事件及规律，揭示管理问题的关键点，以横向协同、纵向管控的管理为依托，可以有的放矢地开展各项工作，促使企业供电服务质效得到显著提升。

### 3.4.1 公变台区监测分析

**【例 1】** 公变台区电压数据质量监测。通过掌握大数据分析应用工具，采用不同维度、量度对一定周期内数据进行趋势分析，初步掌握到电压合理公变台区范围、未采集到的情况、电压不合理的情况，从而针对不同情况对各单位提出整改措施及管理建议和要求。

如图 3-13 所示，随机抽取 7 月 1 日～8 月 31 日某省公司营销系统公变台区 27529 个，其中能够采集到电压数据同时数据在合理范围的台区有 23168 个，占 84.16%；未采集到任何数据的台区有 3567 个，占 12.96%；采集到数

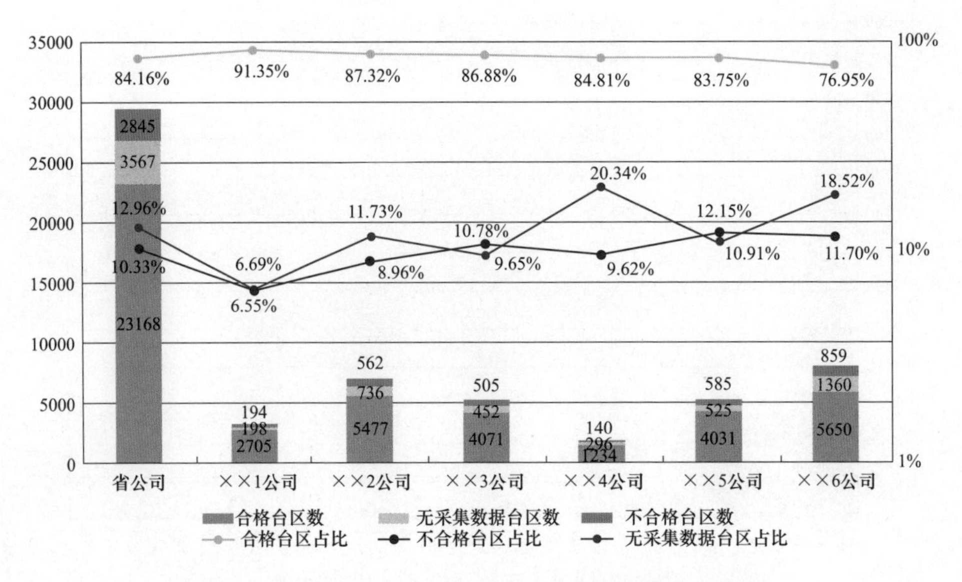


图 3-13 各单位公变台区三相四线表电压数据质量分布图

据单电压值不在合理区间的台区有2845个，占10.33%。其中××1公司电压采集数据合理率91.35%，××2公司87.32%，××3公司86.88%，××4公司84.81%，××5公司83.75%，××6公司76.95%。

**【例2】 公变台区重过载监测**。通过掌握大数据分析应用工具，采用不同维度、量度对一定周期内数据进行趋势分析，可以掌握到公变台区负载较大且出现频次较多的情况，从而针对不同情况对各单位提出整改措施及管理建议和要求。

如图3-14所示，对12月1日～12月31日某省公司公变台区重、过载情况进行监测，经筛查并与PMS2.0系统公变分析模块中台区重、过载数据比对，发现重、过载5次及以上的异动台区共33个，其中××1公司9个，占本单位公变台区总数0.22%；××2公司7个，占比为0.18%；××3公司4个，占比为0.17%；××4公司5个，占比为0.12%；××5公司1个，占比为0.02%。从图中信息可得，年节将至，各单位对该类台区及时进行现场核实，合理调整用户负荷，加强设备巡视工作，确保节日期间设备正常运行的管理要求。

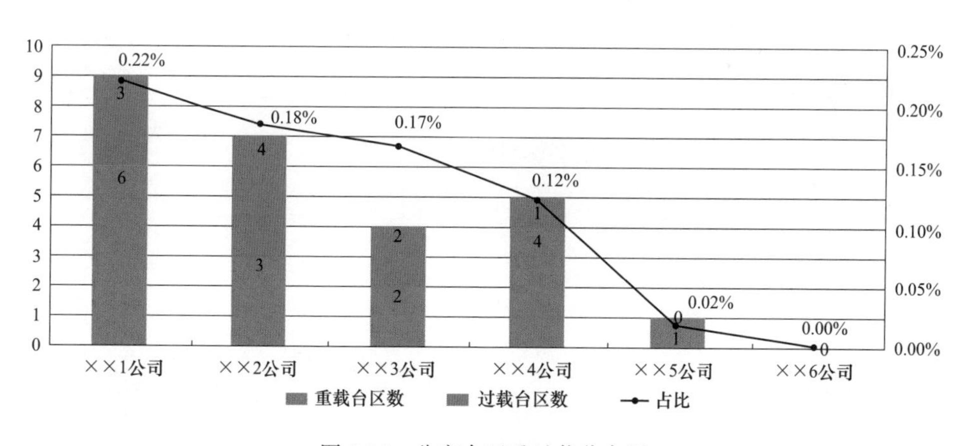


图3-14　公变台区重过载分布图

从上图展示的趋势分析结果，可以追踪锁定到某一公变台区重过载具体情况。如图3-15所示，××1公司××1号公变，变压器容量315kVA，12月出现重、过载各5次。

**【例3】** 公变台区三相不平衡监测。通过掌握大数据分析应用工具，采用不同维度、量度对一定周期内数据进行趋势分析，可以掌握到公变三相不平衡较大及分布情况，从而针对不同情况对各单位提出整改措施及管理建议和要求。

如图 3-16 所示，某公司应用的变压器容量主要为 30、50、100、200、315kVA 等类型，从 6 月份公变台区三相不平衡均值按台区容量分布情况来看，变压器容量越小，受单相负载影响导致三相不平衡越大。变压器容量越大，三相不平衡率越低。公司各容量类型变压器整体三相不平衡率均高，例如 315kVA 不平衡率为 48.51%。

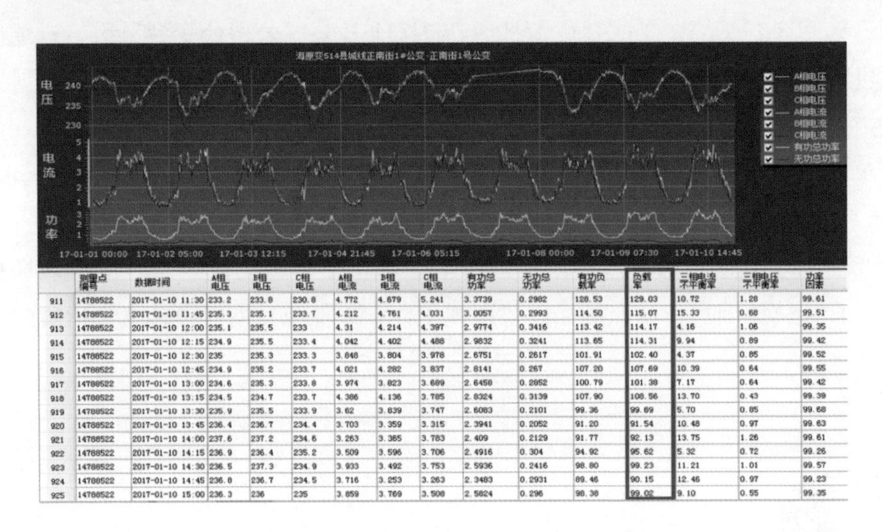


|  | 测量点编号 | 数据时间 | A相电压 | B相电压 | C相电压 | A相电流 | B相电流 | C相电流 | 有功总功率 | 无功总功率 | 有功负载率 | 负载率 | 三相电流不平衡率 | 三相电压不平衡率 | 功率因素 |
|---|---|---|---|---|---|---|---|---|---|---|---|---|---|---|---|
| 911 | 14788522 | 2017-01-10 11:30 | 233.2 | 233.8 | 230.8 | 4.772 | 4.679 | 5.241 | 3.3739 | 0.2982 | 128.53 | 129.03 | 10.72 | 1.28 | 99.61 |
| 912 | 14788522 | 2017-01-10 11:45 | 235.3 | 235.1 | 233.7 | 4.212 | 4.761 | 4.031 | 3.0057 | 0.2993 | 114.50 | 115.07 | 15.33 | 0.68 | 99.51 |
| 913 | 14788522 | 2017-01-10 12:00 | 235.1 | 235.5 | 233 | 4.31 | 4.214 | 4.397 | 2.9774 | 0.3416 | 113.42 | 114.17 | 4.16 | 1.06 | 99.35 |
| 914 | 14788522 | 2017-01-10 12:15 | 234.9 | 235.5 | 233.4 | 4.042 | 4.402 | 4.488 | 2.9832 | 0.3241 | 113.65 | 114.31 | 9.94 | 0.89 | 99.42 |
| 915 | 14788522 | 2017-01-10 12:30 | 235 | 235.3 | 233.3 | 3.848 | 3.804 | 3.978 | 2.6751 | 0.2617 | 101.91 | 102.40 | 4.37 | 0.85 | 99.52 |
| 916 | 14788522 | 2017-01-10 12:45 | 234.9 | 235.2 | 233.7 | 4.021 | 4.282 | 3.837 | 2.8141 | 0.267 | 107.20 | 107.69 | 10.39 | 0.64 | 99.55 |
| 917 | 14788522 | 2017-01-10 13:00 | 234.6 | 235.3 | 233.8 | 3.974 | 3.823 | 3.689 | 2.6458 | 0.2852 | 100.79 | 101.38 | 7.17 | 0.64 | 99.42 |
| 918 | 14788522 | 2017-01-10 13:15 | 234.5 | 234.7 | 233.7 | 4.386 | 4.136 | 3.785 | 2.8324 | 0.3139 | 107.90 | 108.56 | 13.70 | 0.43 | 99.39 |
| 919 | 14788522 | 2017-01-10 13:30 | 235.9 | 235.5 | 233.9 | 3.62 | 3.839 | 3.747 | 2.6083 | 0.2101 | 99.36 | 99.69 | 5.70 | 0.85 | 99.68 |
| 920 | 14788522 | 2017-01-10 13:45 | 236.4 | 236.7 | 234.4 | 3.703 | 3.359 | 3.315 | 2.3941 | 0.2052 | 91.20 | 91.54 | 10.48 | 0.97 | 99.63 |
| 921 | 14788522 | 2017-01-10 14:00 | 237.6 | 237.2 | 234.6 | 3.263 | 3.365 | 3.783 | 2.409 | 0.2129 | 91.77 | 92.13 | 13.75 | 1.26 | 99.61 |
| 922 | 14788522 | 2017-01-10 14:15 | 236.9 | 236.4 | 235.2 | 3.509 | 3.596 | 3.706 | 2.4916 | 0.304 | 94.92 | 95.62 | 5.32 | 0.72 | 99.26 |
| 923 | 14788522 | 2017-01-10 14:30 | 236.5 | 237.3 | 234.9 | 3.933 | 3.492 | 3.753 | 2.5936 | 0.2416 | 98.80 | 99.23 | 11.21 | 1.01 | 99.57 |
| 924 | 14788522 | 2017-01-10 14:45 | 236.8 | 236.7 | 234.5 | 3.716 | 3.253 | 3.263 | 2.3483 | 0.2931 | 89.46 | 90.15 | 12.46 | 0.97 | 99.23 |
| 925 | 14788522 | 2017-01-10 15:00 | 236.3 | 236 | 235 | 3.859 | 3.769 | 3.508 | 2.5824 | 0.296 | 98.38 | 99.02 | 9.10 | 0.55 | 99.35 |

图 3-15　公变台区重、过载展示图

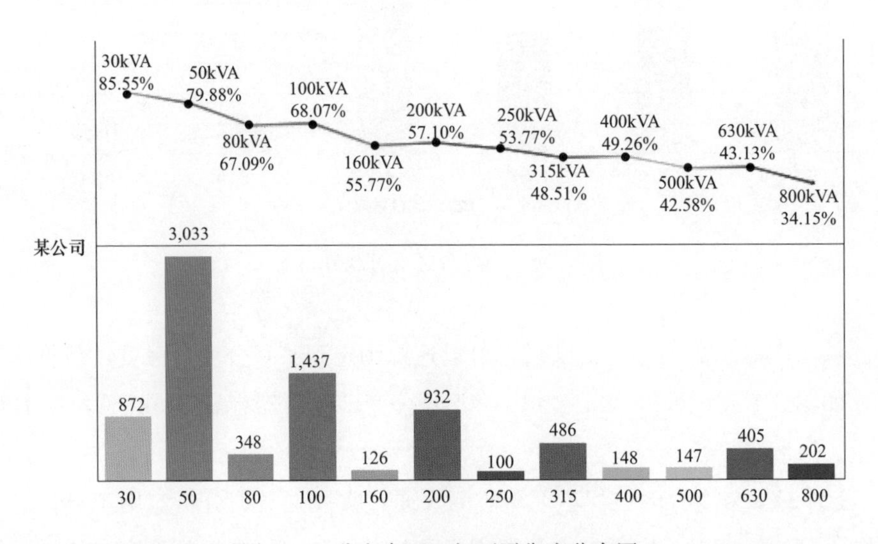


图 3-16　公变台区三相不平衡度分布图

### 3.4.2 专变台区监测分析

**【例 1】** 整体监测情况。某省公司对专变用户存在失压、断流的情况进行了专题监测，共发现异动 58 个。其中××1 公司 20 个（失压 10 个、断流 10 个）、××2 公司 13 个（失压 4 个、断流 9 个）、××3 公司 12 个（失压 4 个、断流 8 个）、××4 公司 7 个（失压 2 个、断流 5 个）、××5 公司 3 个（失压 1 个、断流 2 个）、××6 公司 3 个（失压 1 个、断流 2 个），如图 3-17 和图 3-18 所示。

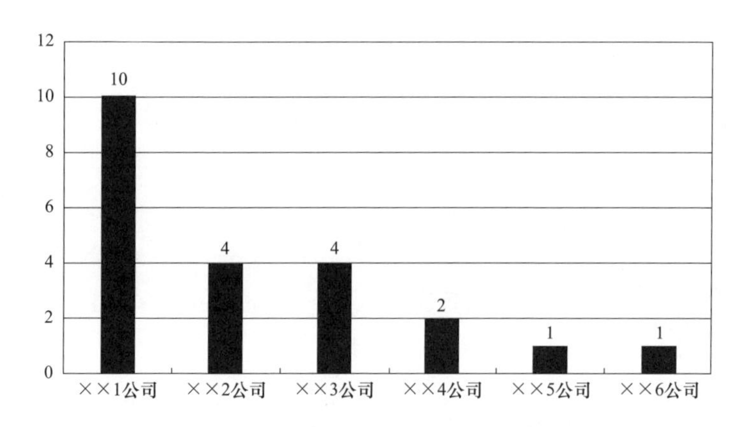


图 3-17 专变用户表计失压分布图

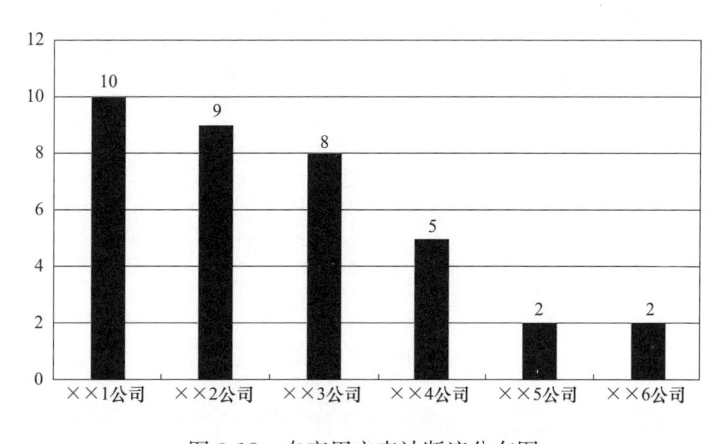


图 3-18 专变用户表计断流分布图

**【例 2】** 专变用户负电流监测情况。在对××1 公司专变用户表计进行复核监测中，发现食品公司农场等专变用户 2017 年 7 月 11～21 日电流平均值任意一相或两相为负，经筛查共发现异动 8 个，如表 3-3 所示。

表 3-3　　专变用户负电流异动明细表

| 用户名称 | 运行容量 | TA 变比 | A 相平均电流（A） | B 相平均电流（A） | C 相平均电流（A） |
|---|---|---|---|---|---|
| 食品公司农场 | 160 | 50 | 2.38 | −2.35 | 2.37 |
| 市路灯管理处 | 450 | 80 | −1.67 | 2.74 | −2.72 |
| 市工程项目代理建设局 | 250 | 80 | 2.2 | −2.3 | 2.21 |
| 机械制造有限责任公司 | 63 | 15 | −0.05 | 2.02 | 1.73 |
| 混凝土有限公司 | 250 | 80 | −1.05 | 1.48 | 1.07 |
| 智能科技有限公司 | 100 | 30 | 0.86 | 0.41 | −0.45 |
| 葡萄酒庄有限公司 | 1250 | 30 | 0.2 | 0 | −0.22 |
| 高新技术产业开发总公司 | 80 | 1 | −1.12 | 2.08 | 0.96 |

建议：检查现场接线，对比同类型用户用电情况，查找真实原因。

**【例 3】** 现场核实整改情况。

（1）2016 年 5 月 8 日，应用数据核查工具监测发现，某公司存在负电流情况（见图 3-19），经用采系统核实发现确实为疑似异动，运监中心向责任单位下发协调任务书。

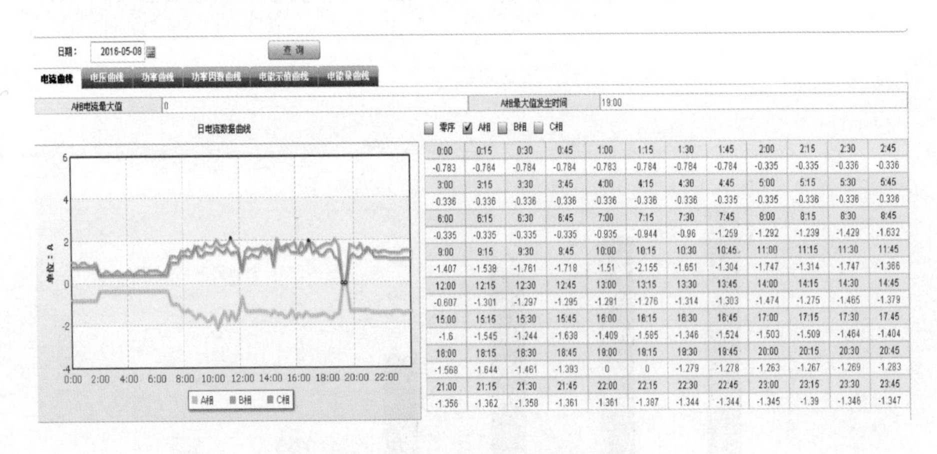


图 3-19　用户负电流异常监测

2016 年 5 月 10 日，现场检查、表号 000369××××的表计显示 A 相有反向电流，反向有功总电量 164.36（倍率 60），原因为表计接线错误。和用户协商后，下达《用电检查结果通知书》，追补电量 9862kWh、电费 6562.18 元，现场整改完毕，接线正确（见图 3-20）。

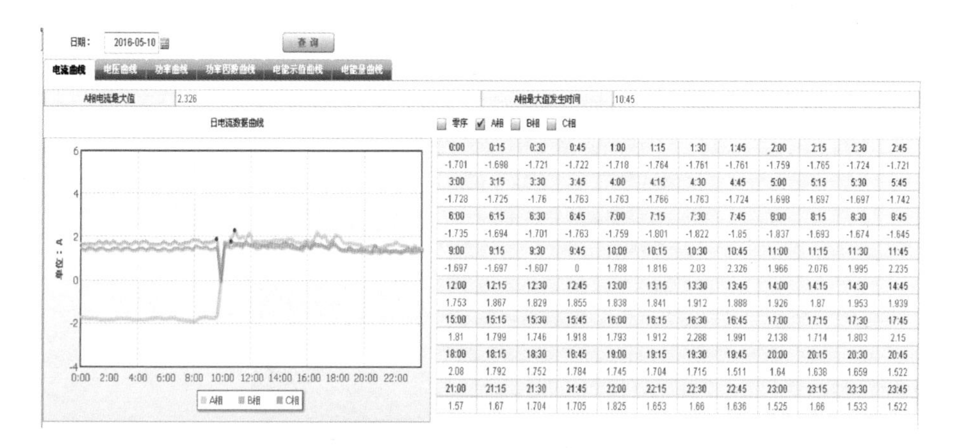


| 0:00 | 0:15 | 0:30 | 0:45 | 1:00 | 1:15 | 1:30 | 1:45 | 2:00 | 2:15 | 2:30 | 2:45 |
| --- | --- | --- | --- | --- | --- | --- | --- | --- | --- | --- | --- |
| -1.701 | -1.698 | -1.721 | -1.722 | -1.718 | -1.764 | -1.761 | -1.761 | -1.759 | -1.765 | -1.724 | -1.721 |
| 3:00 | 3:15 | 3:30 | 3:45 | 4:00 | 4:15 | 4:30 | 4:45 | 5:00 | 5:15 | 5:30 | 5:45 |
| -1.728 | -1.725 | -1.76 | -1.763 | -1.763 | -1.766 | -1.763 | -1.724 | -1.698 | -1.697 | -1.697 | -1.742 |
| 6:00 | 6:15 | 6:30 | 6:45 | 7:00 | 7:15 | 7:30 | 7:45 | 8:00 | 8:15 | 8:30 | 8:45 |
| -1.735 | -1.694 | -1.701 | -1.763 | -1.759 | -1.801 | -1.822 | -1.85 | -1.837 | -1.693 | -1.674 | -1.645 |
| 9:00 | 9:15 | 9:30 | 9:45 | 10:00 | 10:15 | 10:30 | 10:45 | 11:00 | 11:15 | 11:30 | 11:45 |
| -1.697 | -1.697 | -1.607 | 0 | 1.788 | 1.816 | 2.03 | 2.326 | 1.966 | 2.076 | 1.995 | 2.235 |
| 12:00 | 12:15 | 12:30 | 12:45 | 13:00 | 13:15 | 13:30 | 13:45 | 14:00 | 14:15 | 14:30 | 14:45 |
| 1.753 | 1.867 | 1.829 | 1.855 | 1.838 | 1.841 | 1.912 | 1.888 | 1.926 | 1.87 | 1.953 | 1.939 |
| 15:00 | 15:15 | 15:30 | 15:45 | 16:00 | 16:15 | 16:30 | 16:45 | 17:00 | 17:15 | 17:30 | 17:45 |
| 1.81 | 1.799 | 1.746 | 1.918 | 1.793 | 1.912 | 2.288 | 1.991 | 2.138 | 1.714 | 1.803 | 2.15 |
| 18:00 | 18:15 | 18:30 | 18:45 | 19:00 | 19:15 | 19:30 | 19:45 | 20:00 | 20:15 | 20:30 | 20:45 |
| 2.08 | 1.792 | 1.752 | 1.784 | 1.745 | 1.704 | 1.715 | 1.511 | 1.64 | 1.638 | 1.659 | 1.522 |
| 21:00 | 21:15 | 21:30 | 21:45 | 22:00 | 22:15 | 22:30 | 22:45 | 23:00 | 23:15 | 23:30 | 23:45 |
| 1.57 | 1.67 | 1.704 | 1.705 | 1.825 | 1.653 | 1.66 | 1.636 | 1.525 | 1.66 | 1.533 | 1.522 |

图 3-20　用户负电流整改情况

（2）2017 年 5 月 9 日，应用全业务数据中心核查发现，某公司（用户编号：301208××××）存在表计失压现象（见图 3-21），运监中心向责任单位下发协调任务书。

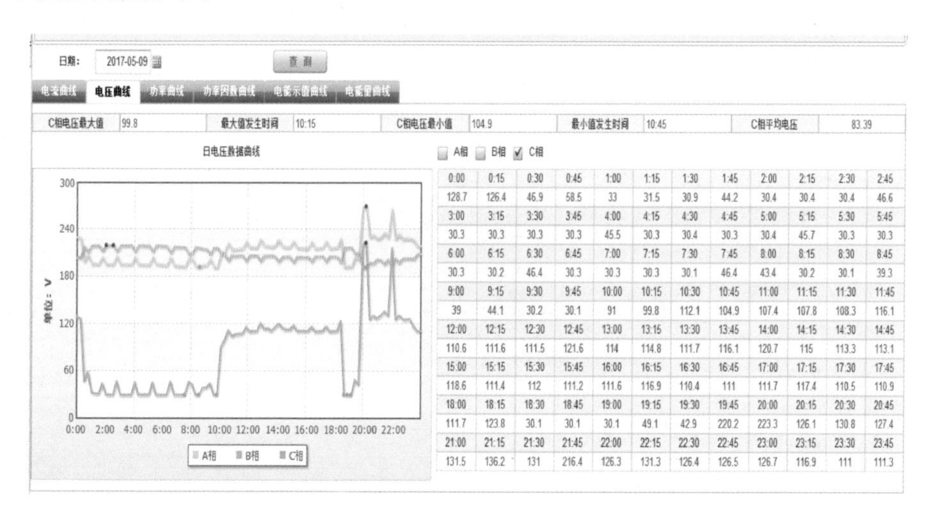


| 0:00 | 0:15 | 0:30 | 0:45 | 1:00 | 1:15 | 1:30 | 1:45 | 2:00 | 2:15 | 2:30 | 2:45 |
| --- | --- | --- | --- | --- | --- | --- | --- | --- | --- | --- | --- |
| 128.7 | 126.4 | 46.9 | 58.5 | 33 | 31.5 | 30.9 | 44.2 | 30.4 | 30.4 | 30.4 | 46.6 |
| 3:00 | 3:15 | 3:30 | 3:45 | 4:00 | 4:15 | 4:30 | 4:45 | 5:00 | 5:15 | 5:30 | 5:45 |
| 30.3 | 30.3 | 30.3 | 30.3 | 45.5 | 30.3 | 30.4 | 30.3 | 30.4 | 45.7 | 30.3 | 30.3 |
| 6:00 | 6:15 | 6:30 | 6:45 | 7:00 | 7:15 | 7:30 | 7:45 | 8:00 | 8:15 | 8:30 | 8:45 |
| 30.3 | 30.2 | 46.4 | 30.3 | 30.3 | 30.3 | 30.1 | 46.4 | 43.4 | 30.2 | 30.1 | 39.3 |
| 9:00 | 9:15 | 9:30 | 9:45 | 10:00 | 10:15 | 10:30 | 10:45 | 11:00 | 11:15 | 11:30 | 11:45 |
| 39 | 44.1 | 30.2 | 30.1 | 91 | 99.8 | 112.1 | 104.9 | 107.4 | 107.8 | 108.3 | 116.1 |
| 12:00 | 12:15 | 12:30 | 12:45 | 13:00 | 13:15 | 13:30 | 13:45 | 14:00 | 14:15 | 14:30 | 14:45 |
| 110.6 | 111.6 | 111.5 | 121.6 | 114 | 114.8 | 111.7 | 116.1 | 120.7 | 115 | 113.3 | 113.1 |
| 15:00 | 15:15 | 15:30 | 15:45 | 16:00 | 16:15 | 16:30 | 16:45 | 17:00 | 17:15 | 17:30 | 17:45 |
| 118.6 | 111.4 | 112 | 111.2 | 111.6 | 116.9 | 110.4 | 111 | 111.7 | 117.4 | 110.5 | 110.9 |
| 18:00 | 18:15 | 18:30 | 18:45 | 19:00 | 19:15 | 19:30 | 19:45 | 20:00 | 20:15 | 20:30 | 20:45 |
| 111.7 | 123.8 | 30.1 | 30.1 | 30.1 | 49.1 | 42.9 | 220.2 | 223.3 | 126.1 | 130.8 | 127.4 |
| 21:00 | 21:15 | 21:30 | 21:45 | 22:00 | 22:15 | 22:30 | 22:45 | 23:00 | 23:15 | 23:30 | 23:45 |
| 131.5 | 136.2 | 131 | 216.4 | 126.3 | 131.3 | 126.4 | 126.5 | 126.7 | 116.9 | 111 | 111.3 |

图 3-21　表计失压异常监测

5 月 11 日，现场核查，该户为专变用户，C 相跌落保险烧毁（见图 3-22），用户只用单相照明。当日整改完毕，现场用电正常。

### 3.4.3　频繁停电监测分析

**【例 1】** 整体监测情况。提取某一个时间段内，某省公司公变台区停电时间明细数据开展分析。

图 3-22　表计失压现场核查情况

（1）以台区停电开始时间为监测切入点，一个监测周期（可以是天、周、月、季度、年）内停电台区数量分布如图 3-23 所示。

| 公司 | 0 | 1 | 2 | 3 | 4 | 5 | 6 | 7 | 8 | 9 | 10 | 11 |
|---|---|---|---|---|---|---|---|---|---|---|---|---|
| ××1公司 | 21 | 2 |  | 2 | 16 | 5 | 87 | 66 | 853 | 266 | 159 | 224 |
| ××2公司 | 15 | 3 | 2 | 1 | 1 | 1 | 30 | 433 | 199 | 106 | 47 | 18 |
| ××3公司 |  |  | 1 | 4 |  | 17 | 54 | 13 | 48 | 41 | 65 | 43 |
| ××4公司 | 102 | 9 | 49 | 63 |  | 62 | 21 | 153 | 330 | 183 | 15 | 125 |
| ××5公司 |  | 1 | 1 |  |  | 25 | 2 | 63 | 94 | 65 | 2 | 54 |
| ××6公司 | 12 | 24 | 10 | 15 |  | 18 | 1 | 63 | 147 | 113 | 8 | 9 |

| 公司 | 12 | 13 | 14 | 15 | 16 | 17 | 18 | 19 | 20 | 21 | 22 | 23 |
|---|---|---|---|---|---|---|---|---|---|---|---|---|
| ××1公司 | 30 | 9 | 21 | 117 | 28 | 24 | 42 | 54 | 99 | 12 | 5 | 5 |
| ××2公司 | 3 | 29 | 29 | 26 | 11 | 2 | 23 | 7 | 5 |  | 1 | 1 |
| ××3公司 | 12 | 9 | 1 | 7 | 3 | 14 | 5 | 2 |  |  |  |  |
| ××4公司 | 14 | 43 | 44 | 52 | 60 | 7 | 8 | 3 | 1 | 1 | 11 | 26 |
| ××5公司 |  |  | 29 | 19 | 4 | 1 | 2 | 1 | 1 | 3 |  |  |
| ××6公司 | 2 | 24 | 27 | 8 | 15 | 12 | 5 | 10 | 5 |  |  | 5 |

图 3-23　停电事件 24 小时时段分布（单位：次）

从上图可以看出在早 8 点至 10 点期间是农网工程安排停电操作的高峰时段，××1、××2、××4 公司所占比例较大，特征明显；在非工作时间（晚 18：00 至凌晨 7：00）台区停电多为线路或台区故障跳闸引起非计划停电，其中××1 公司此类停电事件较多。

（2）以台区复电时间为监测切入点，一个监测周期（可以是天、周、月、季度、年）内复电台区数量分布如图 3-24 所示。

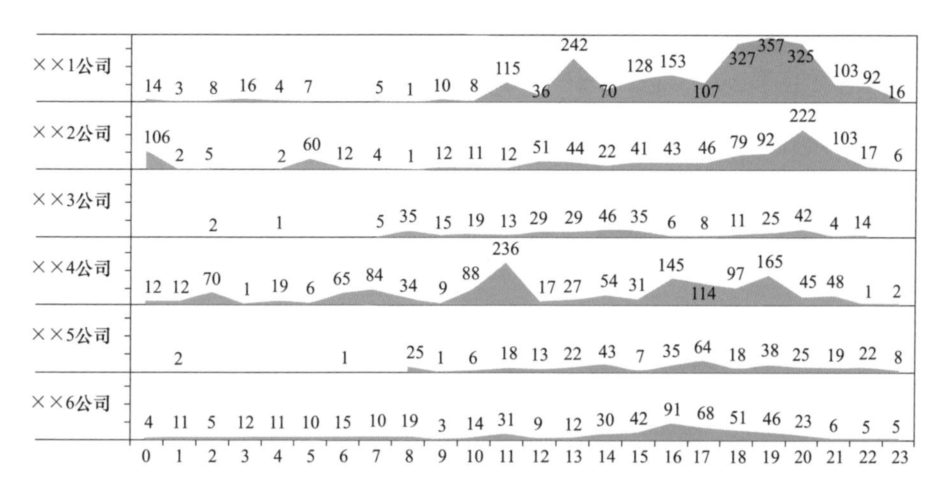

图 3-24　复电事件 24 小时时段分布（单位：次）

从上图可以看出晚 17 点至 19 点是停电检修工作完工安排送电的高峰时段，××1、××2、××6 公司操作相对密集、特征明显。在工作时间（早 10 点至 16 点期间）各单位也不同程度存在台区恢复送电情况，同时各公司在晚 8 点后均存在送电操作情况，应注意操作票的执行和监护。

建议：××4 公司应进一步加强计划停电安排，在保证停电检修工作安全情况下，合理安排设备停送电时间；××1 公司应加强线路、台区日常维护及巡检，减少因故障原因停电次数；各单位应合理调配施工队伍、集中力量改造、避免发生相同设备多次停电情况。

**【例 2】** 现场核实整改情况。2018 年 2 月 15 日，应用数据核查工具提取台区停电明细数据 89 条，经梳理筛查发现村部 1 号公变等 6 个台区在同一时间出现停、复电事件，且台区均挂接在同一条线路上，疑似线路或支线停电，明细如表 3-4 所示。

**表 3-4　　台区停电明细数据**

| 线路名称 | 台区名称 | 停电时间 | 复电时间 | 停电时长（h） |
|---|---|---|---|---|
| 郊区线 | 村部 1 号公变 | 2018/2/15 17：42：00 | 2018/2/15 18：53：00 | 1.25 |
| 郊区线 | 一队公变 | 2018/2/15 17：41：00 | 2018/2/15 18：53：00 | 1.25 |
| 郊区线 | 二队公变 | 2018/2/15 17：42：00 | 2018/2/15 18：53：00 | 1.25 |

续表

| 线路名称 | 台区名称 | 停电时间 | 复电时间 | 停电时长（h） |
|---|---|---|---|---|
| 郊区线 | 小区配电室 2 号变压器 | 2018/2/15<br>17：42：00 | 2018/2/15<br>18：52：00 | 1.25 |
| 郊区线 | 南区 5 号箱变 | 2018/2/15<br>17：41：00 | 2018/2/15<br>18：53：00 | 1.25 |
| 郊区线 | 六社公变 | 2018/2/15<br>17：41：00 | 2018/2/15<br>18：53：00 | 1.25 |

运监中心向线路运维单位下发协调任务书，经现场调查核实，郊区线 46 号杆，A 相、B 相跌落保险烧断，杆下有触电死亡的喜鹊。责任单位组织抢修人员更换 A 相、B 相保险丝，并对其他设备进行仔细检查，排除其他异常情况，当日 18：53 线路设备送电一切正常，设备故障点照片如图 3-25 所示。

图 3-25　故障点现场照片

### 3.4.4　配网故障抢修监测分析

**【例 1】** 配网故障抢修工单监测。通过掌握大数据分析应用工具，采用不同维度、量度对一定周期内数据进行趋势分析，初步掌握了各单位故障抢修工作量，从而针对不同情况对各单位提出整改措施及管理建议和要求。

从故障抢修工单监测情况来看（见图 3-26），一段时期内某省公司下属 6 个地市公司共受理配网故障抢修业务 30726 件，其中××1 公司最多，8989 件，占比 29.26％；××6 公司最少，726 件，占比 2.36％。

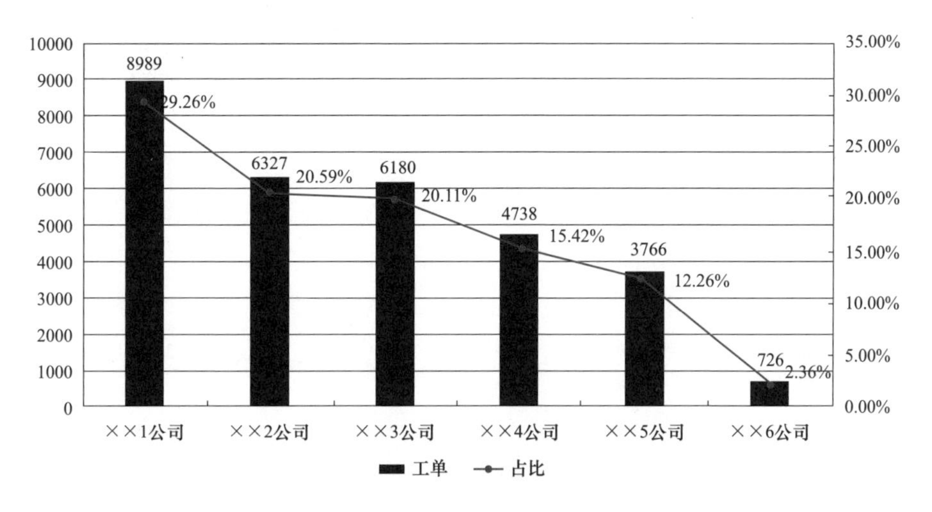


图 3-26　配网故障抢修工单分布图

**【例 2】** 故障报修类型监测。通过掌握大数据分析应用工具，采用不同维度、量度对一定周期内数据进行趋势分析，初步掌握了故障抢修工作类型，从而针对不同情况对各单位提出整改措施及管理建议和要求。

如图 3-27 所示，一段时期内某省公司受理故障抢修业务中，客户内部故障和低压故障最多，占比分别为 47.45％、38.11％；计量故障、非电力故障、高压故障较多，占比分别为 8.98％、3.10％、1.96％；电能质量故障最少，占比 0.41％。

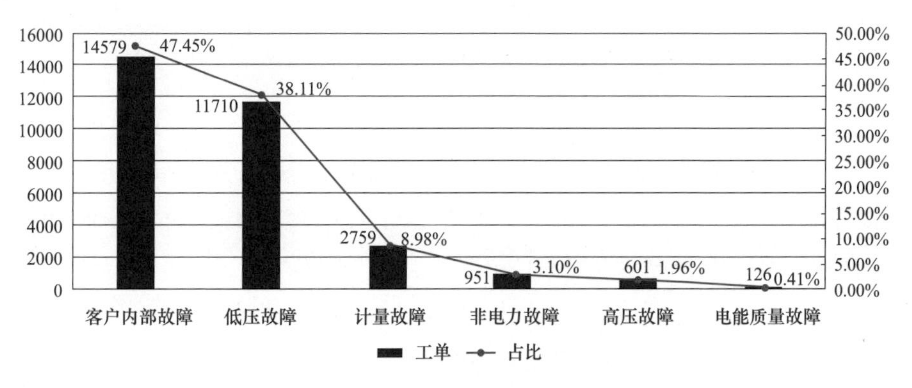


图 3-27　故障报修类型分布图

**【例 3】** 城乡类别到达现场超时分布趋势。某省公司配网故障抢修工单到达现场环节超时可按照城乡类别开展监测分析，如图 3-28 所示，对到达现场环节超时按照城市、农村维度监测其分布情况，其中城市 23 件、农村 7 件；特殊边远地区到达现场环节无超时情况。

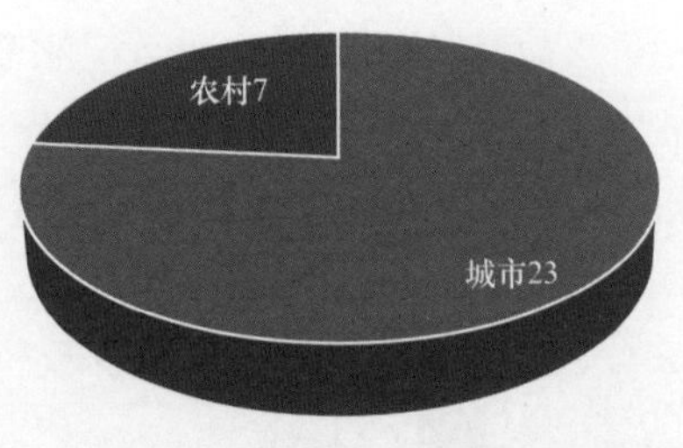


图 3-28　到达现场环节超时分布情况

**【例 4】** 到达现场小于 15min 分布。某省公司某月到达现场环节时长小于 15min 的工单分布情况如图 3-29 所示，其中××1 公司 4476，占比 31.02%；××2 公司 3697 件，占比 25.62%；××3 公司 2855 件，占比 19.78%；××4 公司 2249 件，占比 15.58%；××5 公司 1084 件，占比 7.51%；××6 公司 70 件，占比 0.49%。

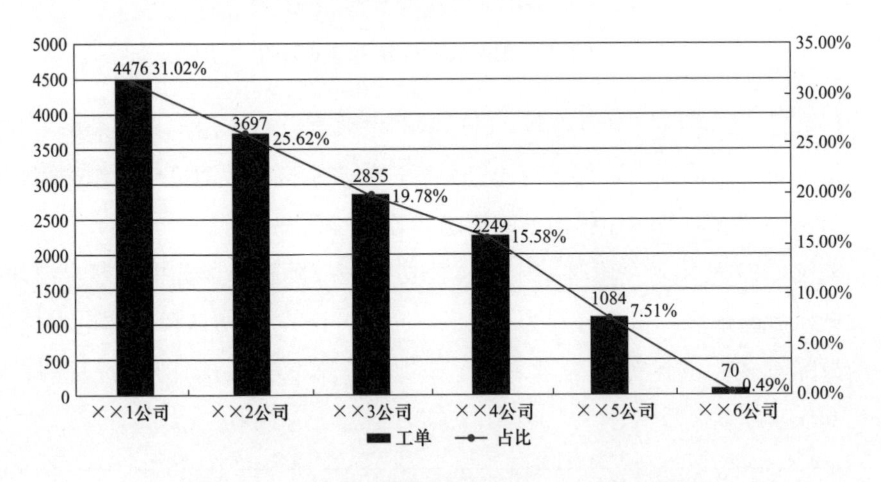


图 3-29　到达现场环节时长小于 15min 工单分布图

**【例 5】** 故障处理时长小于 20min 监测。某省公司某月工单处理总时长小于 20min 工单，分布情况如图 3-30 所示，其中××1 公司 424 件，占比 40.81%；××2 公司 175 件，占比 16.84%；××3 公司 171 件，占比 16.46%；××4 公司 163 件，占比 15.69%；××5 公司 105 件，占比 10.11%；××6 公司 1 件，占比 0.10%。

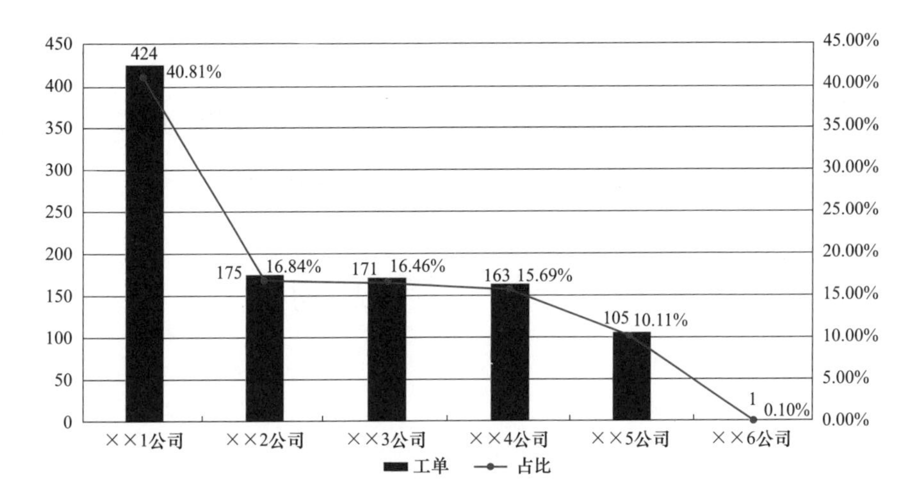


图 3-30　工单处理时长小于 20min 分布图

# 4 生产作业现场视频监测

生产作业现场视频监测主要从监测业务背景、监测技术领域、操作方法、监测流程框架、监测分析内容、监测分析方法、大数据分析应用、监测分析实例等方面进行描述。对生产作业现场业务开展方法、大数据分析结果等进行统计描述，以提升监测的目的性。对监测业务依托的系统操作方法进行详细的操作说明，以示例的形式对部分监测案例进行举例，分析说明生产作业现场视频监测业务中出现的常见问题。

## 4.1 监测业务背景

为进一步加强安全管理，消除风险隐患，自 2015 年 4 月起，公司运监中心、安质部协同配合，开展了生产作业现场视频监测业务。经过近四年的业务实践运行，实现了对公司范围内各类作业现场的远程视频监测，规范了现场作业行为，促进了现场作业安全管理水平的提升。公司自主开发的生产作业现场视频监控平台，功能实用简便，提高了生产现场视频监测工作的针对性，减轻了寻找工作现场的工作量，深化了 PMS 系统工作票、操作票应用，对业务系统应用融合进行了拓展。生产作业现场视频监测分析方法的阐述，旨在为监测业务评价提供依据，进一步提升各级生产作业现场视频监测业务的一致性，实现常态化运行，指导各级运监中心统一规范地开展生产作业现场视频监测工作。

## 4.2 监测技术领域

技术原理：工作班组在生产现场进行工作许可后，工作票信息存入生产数据库，如图 4-1 所示。

通过数据代理服务，对工作票信息进行实时获取后，在视频客户端通过接口函数访问统一视频服务器，调取工作票对应的变电站视频信息，实现视频与工作票的信息集成。

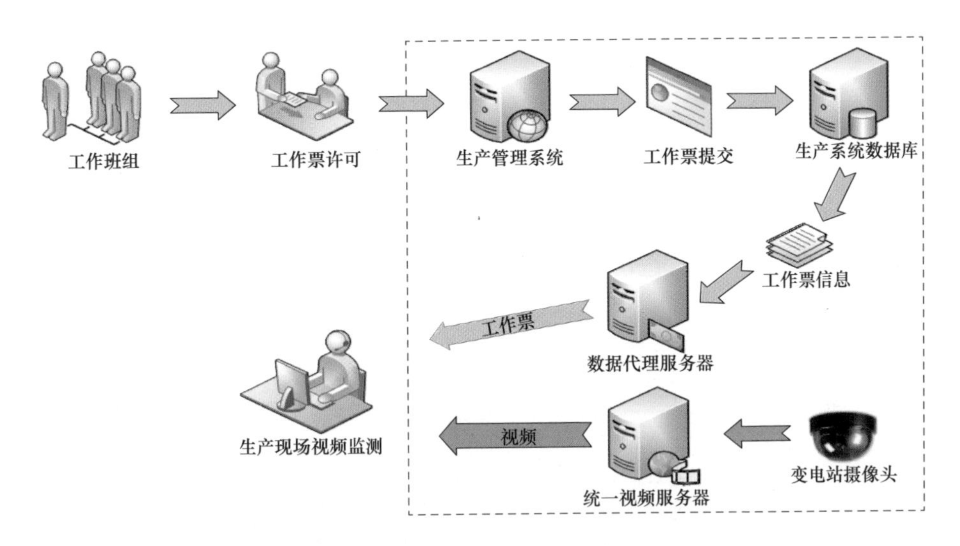


图 4-1　视频集成原理图

技术特点：能实时读取生产管理系统工作票信息，获取生产作业现场基本情况；采用批量加载、多人协同监测技术、实现监控画面自动巡检及截图等。

技术优势：该监测技术属于作业现场辅助监测设施，适用于变电站、基建、营销作业现场，解决了传统视频监控手段不能准确定位生产作业现场违章的情况，将生产管理系统与电网统一视频监控系统功能进行集成应用，确保作业现场全方位实时跟踪监测。

## 4.3　生产作业现场视频监控平台操作方法

用工号和密码登录生产现场视频监控平台，登录方法如图 4-2 所示。

进行已开展工作的作业现场筛选，操作方法如图 4-3 所示。

进行摄像头画面巡检，确定监测最佳角度，操作方法如图 4-4 所示。

通过对工作票涉及工作现场的所有视频摄像头的成批加载，人工判断哪些画面角度最佳，适合进行视频监测。

摄像头巡检操作方法（加入巡检列表）如图 4-5 所示。

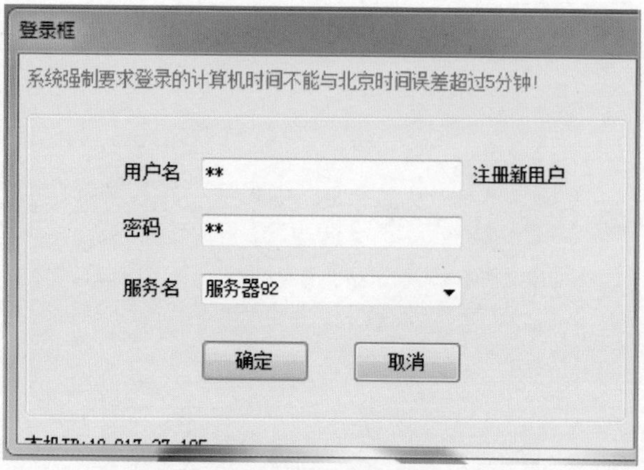

登录框

系统强制要求登录的计算机时间不能与北京时间误差超过5分钟!

用户名 ** 注册新用户

密码 **

服务名 服务器92

确定 取消

图 4-2 生产现场视频监控平台登录界面

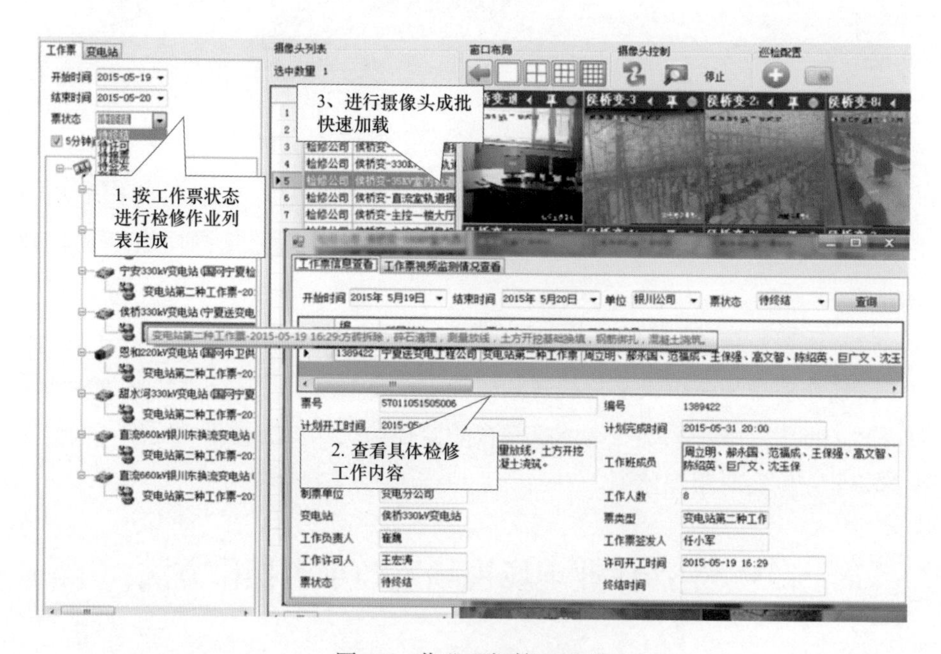


图 4-3 作业现场筛选界面

针对可以进行监控的生产作业现场，通过画面点选的方式，加载至巡检列表，方便随时对作业现场画面进行巡视调阅。

工作票及工作任务单查看，操作方法如图 4-6 所示。

查找异动摄像头，操作方法如图 4-7 所示。

摄像头快速操作功能，操作方法如图 4-8 所示。

图 4-4　视频快速筛选界面

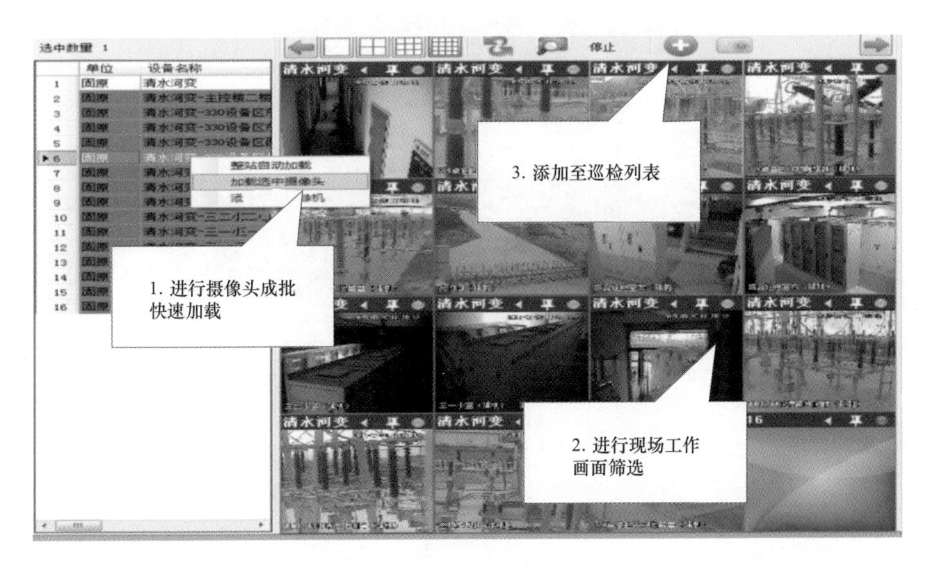


图 4-5　摄像头巡检操作界面

通过应用鼠标左、右键及滚轮，实现对摄像头转动、聚焦等功能的快速操作，便于现场抓图及进行监控图像调整。

摄像头画面抓图以文件名标记现场画面情况，方便后期进行图像整理及异动判断。

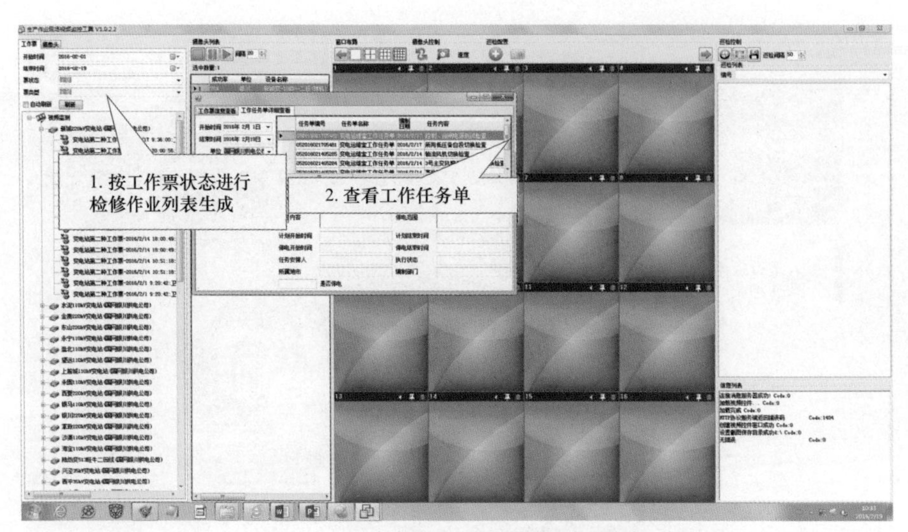


图 4-6　工作票及工作任务单查看界面

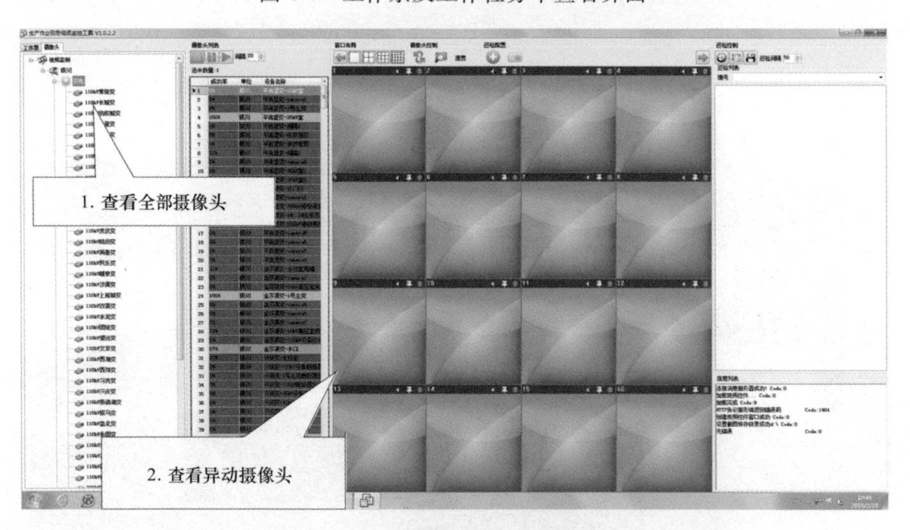


图 4-7　异动摄像头查找界面

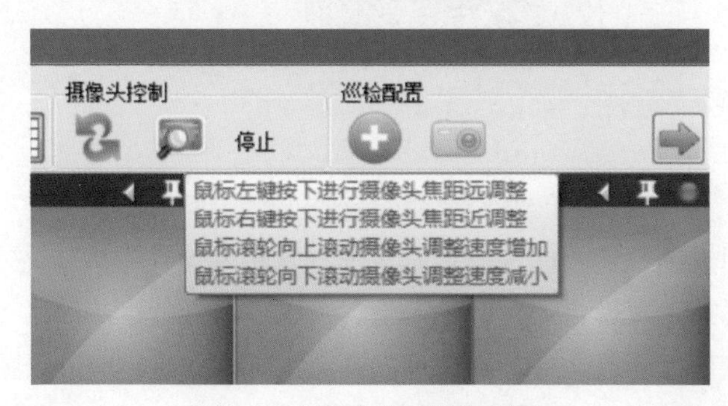


图 4-8　摄像头快速操作界面

## 4.4 生产作业现场监测业务框架

监测人员登录生产作业现场视频监控平台，通过对工作票、操作票、工作任务单查询进行作业现场视频定位，加载摄像头至监测列表进行视频调阅，如图 4-9 所示。

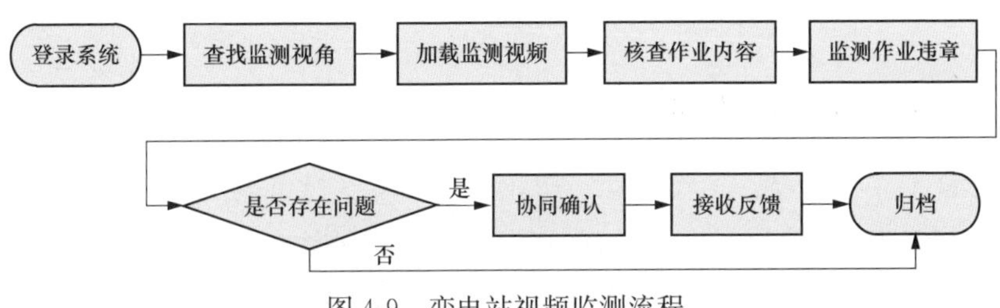


图 4-9 变电站视频监测流程

依据现场工作性质，判断现场作业与票面所列工作内容的符合程度，对作业中的工作人员违章行为进行监测，对存在的问题截图会同安质部及相关业务部门确认，确认的异动发送协调控制任务书至责任单位，接受反馈信息后进行归档。

## 4.5 监测分析内容

依据《国家电网公司电力安全工作规程（变电部分）》《国家电网公司电力安全工作规程（线路部分）》《国家电网公司电力安全工作规程（配电部分）》《国家电网公司电力安全工作规程（电网建设部分）》《国家电网公司电力安全工器具管理规定》等相关规定，利用生产作业现场视频监控平台能够监测工作票内容与现场是否相符、工作现场、操作现场、基建现场是否规范、两票趋势。

## 4.6 监测分析方法

主要运用“生产作业现场视频监控平台”进行监测分析。“生产作业现场视频监控平台”是通过业务需求融合、监测规则梳理、数据清洗筛选、逻辑分析计算等要点形成的监测分析工具，具有高效可靠、操作简单、配置灵活等优点，集中实现对工作票、工作现场、操作现场和基建现场等内容展开有效监测分析。

### 4.6.1 工作票内容监测

通过“运营数据管理工具→视频监测→工作票→变电站→视频监测加载→工作票内容查看”功能项，右键点击调取当日作业现场工作票和工作任务单，核对工作票信息和工作任务单信息是否相符，重点对作业内容、是否停电、停电范围以及批准停电时间进行核对，判断现场作业内容及作业人员与工作票是否相符，有无存在违规现象。

### 4.6.2 工作现场监测

结合工作票类型、工作内容、作业现场环境，对可能发生的违规现象作出预判，明确重点监测方向。例如：室内作业重点关注安全防护措施是否到位，作业人员是否正确使用安全工器具，室外作业重点关注高处作业安全防护、工具传递放置是否合规，动火作业监护措施是否到位等。

### 4.6.3 操作现场监测

结合操作票内容，对可能发生的违章操作现象作出预判，明确重点监测项目。例如：用绝缘棒拉合刀闸、高压熔断器是否戴绝缘手套，单人操作时是否进行登高或登杆操作，高压验电是否戴绝缘手套，验电器的伸缩式绝缘棒长度是否拉足，验电时手握在手柄处是否超过护环，雨雪天气时是否进行室外直接验电，装设接地线是否由两人进行，装、拆接地线的顺序是否正确，装、拆接地线的导体端是否使用绝缘棒和戴绝缘手套，人体是否碰触接地线或未接地的导线等。

### 4.6.4 基建现场监测

通过“运营数据管理工具→视频监测→摄像头→视频监测→单位名称→基建”功能项，筛选定位工作现场，选取最佳监测视角，结合工作特点、作业现场环境，对可能发生的违规现象作出预判，明确重点监测方向。例如：室内作业重点关注安全防护措施是否到位，作业人员是否正确使用安全工器具，有限空间作业安全防护，室外作业重点关注高处作业安全防护、起重作业安全防护、装卸作业安全防护、施工机械器具作业安全防护、坑洞现场安全防护、工器具的传递放置、材料设备的存放是否符合规定，动火作业监护措施是否到位等。

# 4.7 大数据分析应用

“两票”大数据趋势分析：通过“核查工具→数据钻取分析→生产工作票统计分析→工作票/操作票”功能项，分别导出【工作票汇总明细表】【操作票汇总明细表】，分别制作数据透视表按照维度、量度进行分析，分析内容结果如下。

现场作业趋势分析：按工作票、操作票 2 种类型，监测周期可选择周、月、季、年分别进行趋势分析。

工作票趋势分析：按 2 种维度，3 种量度，分析各单位工作票数量、工作票类型、检修时长、检修人员数量进行趋势分析。

维度：①“单位”取自“所属单位”（地市公司监测“单位”可选择“制票单位”/“工作单位”）；②“时间”为 1 天 24h 各时点或周、月、年等较长时限。量度：①“检修人数”取自“工作人数”；②“检修时长”取自“工作时长/小时”（检修时长＝工作票终结时间-工作票许可时间）；③“工作票数量”取自“票类型”字段各类型工作票计数，如图 4-10～图 4-14 所示。

如图 4-10 中所示，使用 1 个维度（单位），1 个量度（各类型工作票数量），按单位显示 1 个监测周期内各类型工作票累计数量，用以分析其工作票总量分布情况，若某一公司工作票数量异常过多，需核实其原因。地市公司进行趋势分析，只需将“单位”选择为“制票单位”/“工作单位”，用以统计各单位、班组的工作票情况。

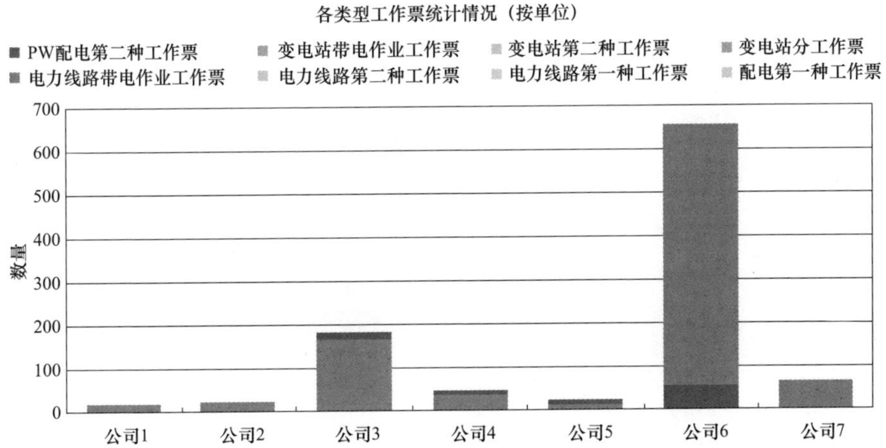

各类型工作票统计情况（按单位）
PW配电第二种工作票 变电站带电作业工作票 变电站第二种工作票 变电站分工作票
电力线路带电作业工作票 电力线路第二种工作票 电力线路第一种工作票 配电第一种工作票
数量
0 100 200 300 400 500 600 700
公司1 公司2 公司3 公司4 公司5 公司6 公司7

图 4-10 各单位工作票统计图

如图 4-11 所示，使用 1 个维度（制票单位），2 个量度（检修人数，各类型工作票检修时长），显示 1 个监测周期内的各班组的累计检修人员数量、累计检修时长，用以监测检修工作量分布情况。若按各地市公司进行展示，只需将维度选择为“所属单位”。

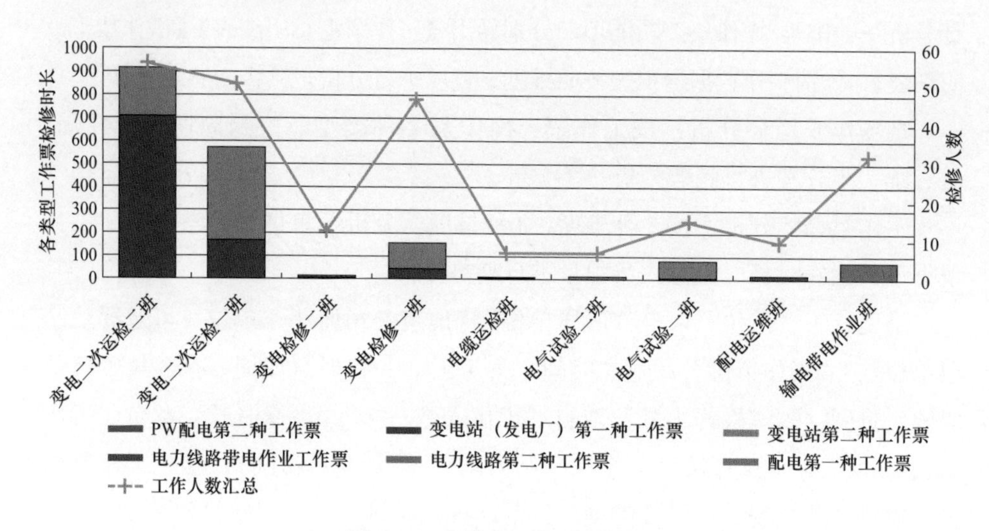


图 4-11 各班组工作量统计图

如图 4-12 中所示，使用 1 个维度（时间），1 个量度（各时间点许可开工、终结的工作票数量），按 1 天 24h 各时间点显示 1 个监测周期内许可开工、终结的工作票数量，用以监测分析工作集中于哪个时段开工、完成。也可以按周、月、年等时间周期分析作业主要集中在那些时间区间。

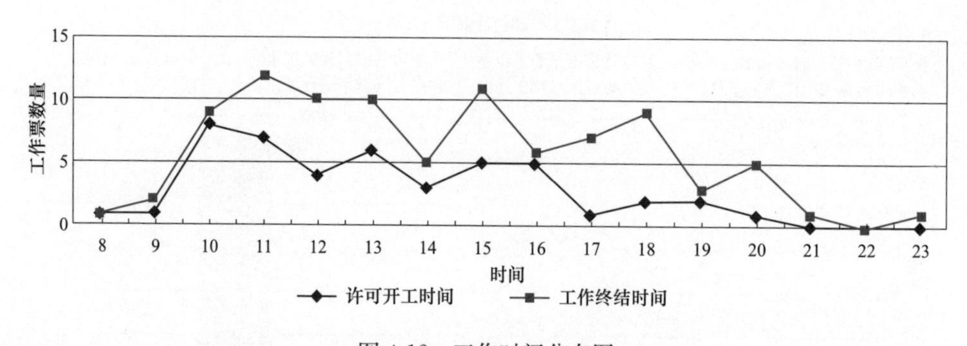


图 4-12 工作时间分布图

如图 4-13 中所示，使用 1 个维度（单位），1 个量度（各类型检修时长超短工作票数量），按单位显示 1 个监测周期内各类型工作票检修时长超短（检修时长＜10min）数量，对于检修时长超短的工作票，需核实其原因。

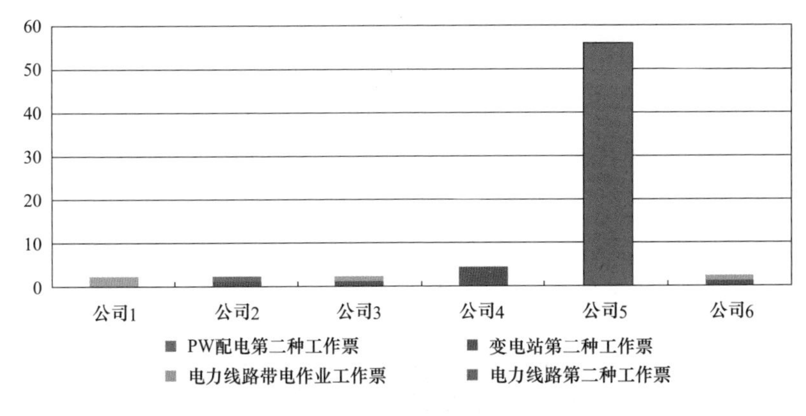


图 4-13　各单位工作票检修时长超短统计图

操作票趋势分析：按 1 种维度，2 种量度，分析各单位操作票数量、操作票类型、累计操作步数进行趋势分析。

维度："单位"取自"所属单位"（地市公司监测"单位"可选择"制票单位"/"工作单位"）。

量度：①"操作票数量"取自"票类型"字段各类型操作票计数；②"操作步数"取自"总操作步数"。

如图 4-14 中所示，使用 1 个维度（单位），2 个量度（各类型操作票数量，各类型倒闸操作步数），按单位显示 1 个监测周期内各类型操作票累计数量、累计总操作步数，用以监测分析倒闸操作工作量分布情况。

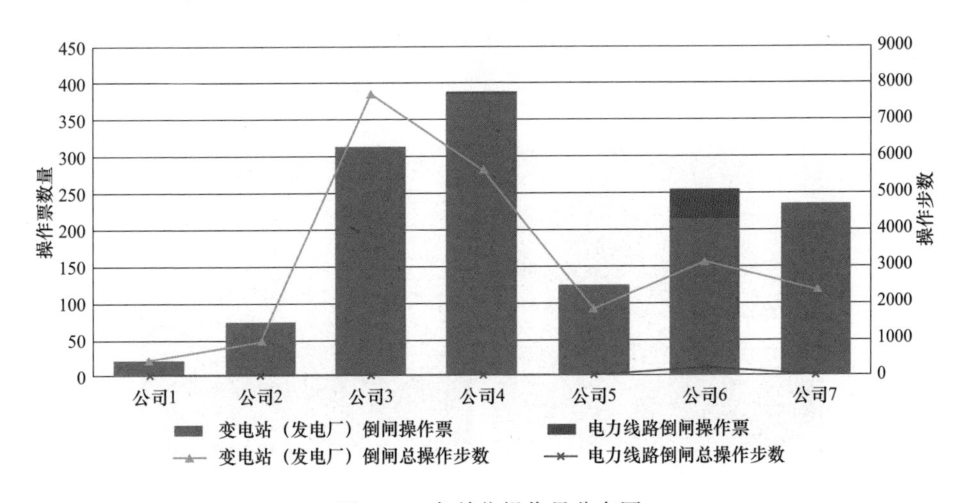


图 4-14　各单位操作量分布图

## 4.8 监测分析案例

**【案例1】** 某变电站内，工作人员在高压室内工作时未佩戴安全帽、着装不规范，违反Q/GDW 1799.1—2013《国家电网公司电力安全工作规程（变电部分）》第4.3.4条“进入作业现场应正确佩戴安全帽，现场作业人员应穿全棉长袖工作服、绝缘鞋”规定，视为异动，如图4-15所示。

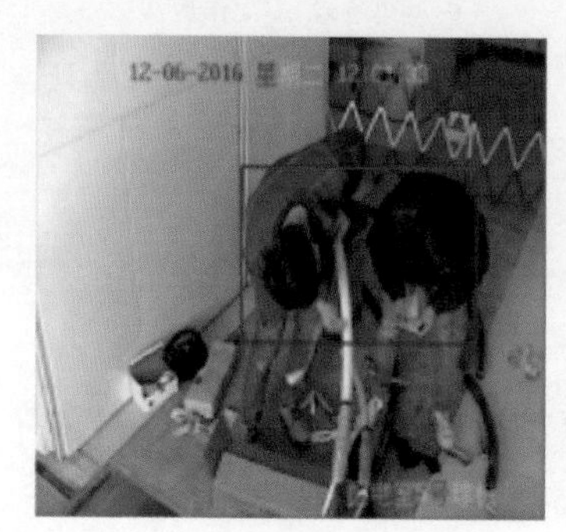
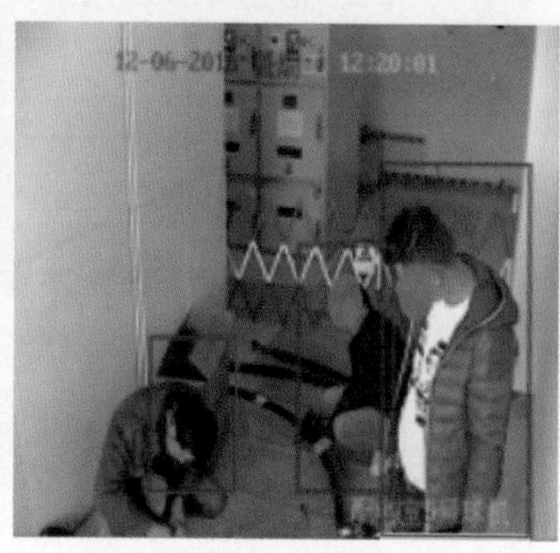

图4-15 作业人员未佩戴安全帽

**【案例2】** 某变电站110kV设备区内，1名现场作业人员在110kV隔离开关上工作时，将安全带系在隔离开关的支持绝缘子上，违反《国家电网公司电力安全工作规程（变电部分）》第18.1.8条“安全带的挂钩或绳子应挂在结实牢固的构件上，或专为挂安全带用的钢丝绳上，并采用高挂低用的方式。禁止挂在移动或不牢固的物件上［如隔离开关（刀闸）支持绝缘子、CVT绝缘子、母线支柱绝缘子、避雷器支柱绝缘子等］”规定，视为异动。如图4-16所示。

图4-16 安全带系在不牢固的物体上

# 参 考 文 献


［1］ 祁兵，王朝亮，陆俊，王星星，崔高颖．基于智能电表数据资产的配用电检修运维架构设计［J］．电力信息与通信技术．2017（12）：71-80.

［2］ 王国平编著．Tableau 数据可视化从入门到精通［M］．北京：清华大学出版社，2017.

［3］ 阿里巴巴数据技术及产品部．大数据之路［M］．北京：电子工业出版社，2017.

［4］ 张东霞，苗新，刘丽平，张焰，刘科研．智能电网大数据技术发展研究［J］．中国电机工程学报．2015（01）：49-55.

［5］ 谢颖捷，夏翔，方建亮，高强．基于大数据挖掘的电力企业综合计划精益化管理［J］．农村电气化．2018（06）：205-212.

［6］ 李志勇，郭一通．大数据背景下电力行业数据应用研究［J］．自动化技术与应用．2018（09）：30-39.

［7］ 任国卉．电力企业大数据应用分析［J］．电力大数据．2018（09）：22-28.